第 1 部

ツシマヤマネコ（22ページに掲載）

哺乳類

哺乳類　Mammalia

野生動物・脊索動物門・哺乳綱

脊索動物門は脊椎動物亜門、ホヤなどの尾索動物亜門、ナメクジウオなどの頭索動物亜門に分けられる。哺乳類は横隔膜を持ち、乳腺から分泌する乳汁で子育てするグループで食性に応じ歯が多様に進化しているのも特徴。

カンガルー目　Diprotodontia

胎盤が不完全で未熟仔を産み育児嚢（のう）で育てる特徴から、有袋類は1つの目（もく）とされてきたが、肉食、草食、滑空する種など哺乳類全体に匹敵する多様性を持つことから、7目（もく）に分けられた。

コアラ科　Phascolarctidae

コアラは有毒植物のユーカリのみを食べることで、他種との餌の競合を避けている。幼児期に母獣の特別な糞（パップ）を食べ、ユーカリを分解する微生物を腸に定着させる。

【コアラ　*Phascolarctos cinereus*】

2006.5.23.　2006日豪交流年
C2003i　80Yen……………120☐

C2003i　コアラ
（左：幼獣、右：成獣♀）

2014.9.19.　ほっとする動物シリーズ第2集（82円）
C2188a　82Yen…120☐

C2188a　コアラ
（左：成獣♀、右：幼獣）

2018.7.27.　ほっとする動物シリーズ第1集（82円）
C2371d　82Yen……………―☐

C2371d　コアラ
（左：成獣♀、右：幼獣）

…… 実はとっても痛い、コアラの抱っこ ……

コアラといえばぬいぐるみのような生きものと思われがちだが、実は木のぼりのための鋭い鉤づめを手足に備えており、抱っこすると食い込んでとても痛いので、飼育係も抱っこはしない。運ぶときや体重を量るときは、お気に入りの短い丸太を見せるとコアラが乗り移るので、丸太ごと運ぶのである。なお、飼育下では野生下ほど爪が擦り減らないので、定期的に爪切りを行っている。

ウォンバット科　Vombatidae

ウォンバット類は地面に出入り口の複数ある穴を掘って暮らし、穴の突き当りの部屋に草や樹皮で巣を作る。穴掘り時に土が入らないよう、育児嚢の入口は後向きである。

【ウォンバット（別名ヒメウォンバット）
Vombatus ursinus】

2015.1.23.　ほっとする動物シリーズ第3集（52円）
C2202a　52Yen……………80☐

C2202a　ウォンバット
（左：成獣、右：幼獣）

カンガルー科　Macropodidae

科名はギリシャ語でmakros（大きな）＋pous（足）の意。英名のKangarooは先住部族のグウグ・イミディール語のgangurru（オオカンガルー）に由来し、"知らない"の意味であるという俗説は誤り。

【オオカンガルー　*Macropus giganteus*】

2006.5.23.　2006日豪交流年
C2003a-b　各80Yen……………120☐

C2003a（左）オーストラリア国旗とウルル
C2003b（右）カンガルーとウルル

2013.9.20.　ほっとする動物シリーズ第1集（50円）
C2148e　50Yen……………100☐

C2148e　オオカンガルー（幼獣）

……… カンガルーの見分け方 ………

オオカンガルーは同じ属のアカカンガルー（*Macropus rufus*／写真上）に似ているが、尾が先へ行くほど色が濃く、鼻の黒い部分（鼻鏡）が小さい（写真下右）。アカカンガルーは尾が先まで同色で、鼻鏡が大きい点で見分けられる。

▶アカンガルー。右のオオカンガルーに比べて、鼻鏡が大きい。

ゾウ目（長鼻目） Proboscidea

かつては全世界に分布し栄えたが、現在は1科2属3種のみ。手根骨の上の列が下の列に乗る点、上顎の門歯（牙）が一生伸びる点が海牛目、ハイラックス目と共通する特徴。

ゾウ科　Elephantidae

頭骨は軽量化のため空洞のある含気骨（がんきつ）。現生2属とマンモスは臼歯の形でも区別可能。例えばアフリカゾウの属名 *Loxodonta* はギリシャ語の loxos（斜線）＋odous（歯の）、で咬合面が菱形であるから。

【ケナガマンモス　*Mammuthus primigenius*】

2005.3.25.
2005年日本国際博覧会記念
C1967-1968
各80Yen ………………… 120□

C1967-68　マンモスと地球

……愛・地球博の目玉 冷凍マンモス……

2005年日本国際博覧会（愛・地球博）のメイン展示のひとつが、ロシアの永久凍土から発見されたマンモス。冷凍マンモスの骨や皮膚などからミトコンドリアDNAの解読に成功し、アフリカゾウよりもアジアゾウと近縁関係にあることが判明した。

【マンモスの1種　*Mammuthus sp.*】

2015.10.6.　地方自治法施行60周年シリーズ　大阪府
R867c　82Yen ………………… 150□
※8ページコラム参照。

R867c 太陽の塔（生命の樹）

◀「生命の樹」マンモスの模型

【アジアゾウ　*Elephas maximus*】

2007.9.26.
国際文通グリーティング
（日本・タイ修好120周年）
G20e,i-j　各80Yen ………………… 120□

G20e リクライニング・ブッダ（象）

G20i-j　日光東照宮上神庫装飾「象」Ⅰ,Ⅱ

C2235d 騰綴屏風

2018.7.27.　動物シリーズ
第1集（82円）
C2371a　82Yen ………………… □

2015.10.16.
正倉院の宝物シリーズ第2集
C2235d　82Yen ………………… 120□

C2371a
ゾウ（アジアゾウと推定）

【アフリカゾウ　*Loxodonta africana*】

1982.3.20.　動物園100年
C920　60Yen ………………… 100□

C920　パンダとゾウ

マンモスはゾウより小さかった？

現生種ではアフリカゾウが大型で、オスでは肩高3～4mに達するものがいる。アジアゾウはオスでも3mまで。日本の巨大ゾウとされるナウマンゾウ（*Palaeoloxodon naumanni*）はオスで推定2.4～2.8mとほぼアジアゾウサイズで共に中型クラス。

マンモスの中には肩高4mを越える巨大種もいたが、ケナガマンモスは2.7～3.35mとアジアゾウとアフリカゾウの中間サイズだった。マンモスだからと言って、一概に現生ゾウより大きいとは言えない。

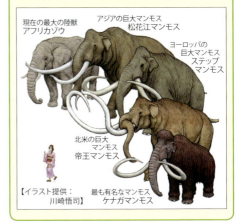

【イラスト提供：川崎悟司】

* 松花江マンモス（*Mammuthus sungari*）
ステップマンモス（*Mammuthus trogontherii*）
帝王マンモス（*Mammuthus imperator*）

哺乳類

哺乳類

芸術家・岡本太郎が生んだ古生物たちの姿

1970年の日本万国博覧会（大阪万博）に建造された、岡本太郎の「太陽の塔」内部には、高さ約41mの『生命の樹』と呼ばれる作品がある。単細胞生物から人類に至る生物史を、下から順に『原生類時代』、『三葉虫時代』、『魚類時代』、『両生類時代』、『爬虫類時代』、『哺乳類時代』にわけ、各時代を代表的な生物の模型で表現している。模型は実際の古生物を参考にしつつ、岡本太郎の独創的なセンスで制作された。

切手は右ページの原画写真の通り、『生命の樹』を下から見上げた角度で撮影されており、マンモスをはじめ、17種類の古生物が確認できる。なお、ごく一部しか見えないため、敢えて個別採録はしていないが、メソサウルス（*Mesosaurus* sp.）の吻端（マストドンサウルス頭部の上方）やテナガザルの1種（Hylobatidae sp. プテラノドンの右斜め上）、ゴリラの1種（*Gorilla* sp. アパトサウルスの上方）も確認できる。

R867c　太陽の塔（生命の樹）
2015.10.6.
地方自治法施行60周年シリーズ　大阪府
R867c　82Yen……………………150□
※切手は原寸の150%

▲マンモス（7ｹﾞ参照）

▲メリキップス（古代生物の骨格）（30ページ参照）

▲エダフォサウルス（109ページ参照）

▲クリプトクリドゥス（後ろ姿／110ページ参照）

▲プテラノドン（110ページ参照）

▲アナトティタン（110ページ参照）

▲アパトサウルス（頭部と胴体の一部／111ページ参照）

▲マストドンサウルス（頭部と胴体の一部／111ページ参照）

▲ドレパナスピス（114ページ参照）

▲ボスリオレピス（114ページ参照）

▲甲冑魚2種（140ページ参照）

▲巻貝の1種（140ページ参照）

メソサウルスの口吻

▲アンモナイトの1種（144ページ参照）

▲オルトケラス・ベルキドゥム（145ページ参照）

▲キルトケラス（145ページ参照）

▲タイヨウチュウ（147ページ参照）

▲サソリの1種（150ページ参照）

C1204
ゾウと手紙
1987.7.23.　ふみの日
C1204　60Yen……100□

C1899e
ぞう
2003.7.23.　ふみの日
C1899e　80Yen………120□

C2148c
アフリカゾウ（幼獣）
2013.9.20.　ほっとする動物シリーズ第1集（50円）
C2148c　50Yen……100□

C2162c　アフリカゾウ
2013.12.12.　日ケニア外交関係樹立50周年
C2162c　80Yen………120□

8

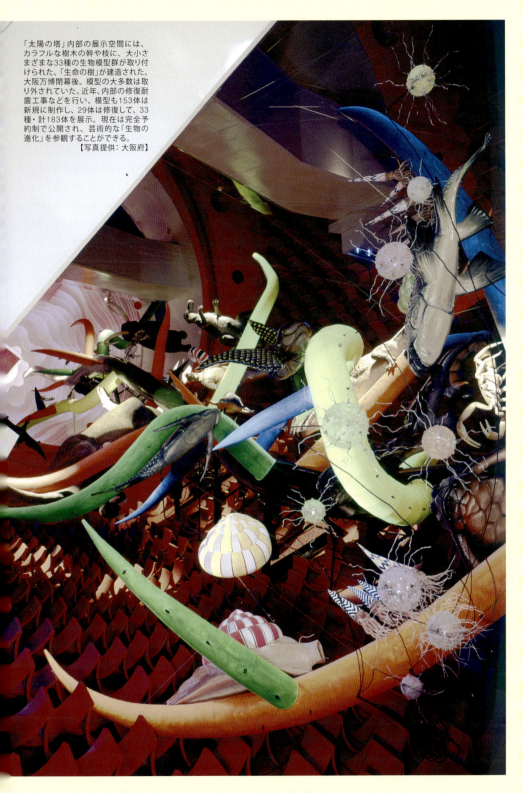

「太陽の塔」内部の展示空間には、カラフルな樹木の幹や枝に、大小さまざまな33種の生物模型群が取り付けられた、「生命の樹」が建造された。大阪万博閉幕後、模型の大多数は取り外されていた。近年、内部の修復耐震工事などを行い、模型も153体は新規に制作し、29体は修復して、33種・計183体を展示。現在は完全予約制で公開され、芸術的な「生物の進化」を参観することができる。
【写真提供：大阪府】

哺乳類

被甲目（アルマジロ目） Cingulata

かつての貧歯目は廃止されて、アルマジロのように堅い甲を持つ被甲目と、アリクイ類・ナマケモノ類の有毛目に分けられた。アルマジロ類は"貧歯"どころか、エナメル質を欠いた単純な細かい歯を何十本と持つ。

アルマジロ科　Dasypodidae

皮膚が硬くなった鱗甲板に覆われ、敵に襲われると脚を引っ込め腹を地面に密着して身を守る。サッカーボールのように球形に丸まれるのはミツオビアルマジロ属の2種のみ。

【ミツオビアルマジロ属の1種　Tolypeutes sp.】

C2171a-c　公式マスコット「フレコ」（意匠化されたミツオビアルマジロ属の1種）　※原寸の40%

2014.5.12.　FIFAワールドカップブラジル 2014
C2171a-c　各82Yen………120☐

▶マタコミツオビアルマジロ
（Tolypeutes matacus）
[写真提供: Hedwig Storch]

サル目（霊長目） Primates

目名はラテン語の"primus（第一位の）"に由来。原猿類、メガネザル類、真猿類の3群に分けられる。系統的に最も近いのはヒヨケザル類から成る皮翼目で、次にツパイ類から成る登攀目（とうはんもく）である。

キツネザル科　Lemuridae

マダガスカル島に分布する原猿類で約90種が含まれ、今なお新種が発見されている。焼畑農業等により島の森林面積が9割以上失われた上、食用にも密猟され大半が絶滅危惧種。

【ワオキツネザル　Lemur catta】

2013.9.20.　ほっとする動物シリーズ第1集（80円）
C2149c　80Yen………150☐

C2149c　ワオキツネザル
（左: 幼獣、右: 成獣♀）

オナガザル科　Cercopithecidae

科名はギリシャ語のkerkos（尾）+pithēkos（類人猿）、が語源。オナガザル科は一般に長い尾を持つが、南米のオマキザル科のように枝に巻いた尾で体重を支えることはできない。

【ニホンザル　Macaca fuscata】

動物相の豊かな日本に、サル目がヒトと本種しかいないのは、ニホンザルが温暖な時代の遺残型で、氷河期に日本に取り残されたため。手足は他のサルより短く、特に尾が短いのは寒さへの適応であろう。

P252
箕面大滝

C941「老猿」高村光雲・作

1973.3.12.
明治の森箕面国定公園
P252　20Yen………40☐

1983.3.10.
近代美術シリーズ第16集
C941　60Yen………100☐

R1　お猿の温泉

1989.4.1.　お猿の温泉
R1　62Yen………100☐
[同図案▶R358 80Yen]

R10　高崎山の猿

1989.8.15.
高崎山の猿
R10　62Yen………100☐

2004.4.20.
切手趣味週間
C1943　80Yen………150☐

C1943「雨中桜五匹猿図」
森狙仙・筆

…… キツネザルの学名は「幽霊」!? ……

キツネザルの多くは夜行性のため、属名はラテン語の"lemur（幽霊）"と命名された。ただし本種は昼行性で地上を移動することも多い。cattaは「猫に似た」の意で、姿が猫を思わせる。

「鳥獣人物戯画」の動物種の同定

鳥獣人物戯画甲巻(断簡を除く)にはトノサマガエル、ニホンノウサギ、ニホンザル、ホンドテン、ホンドギツネ、ニホンジカ、イノシシ、ネコ、ノネズミの1種、キジ、ミミズクの11種類の動物が描かれている。そのうち、切手に採用された場面に登場する動物は以下の9種類。

本州に生息する耳の先が黒いウサギはニホンノウサギで、その亜種のうち、冬季に白くなるのはトウホクノウサギ(*Lepus brachyurus angustidens*)のみだが、カエルが活動しているので冬の毛色による判別はできない。よってニホンノウサギ(亜種不明)となる。

テンと同定した動物(C1313左下)は、子ギツネとする文献が多いが、他の場面に描かれた子ギツネとは口吻の長さなどが異なり、尾が胴に比して長いのでイタチ科の動物である。ここでは二本足で立つことの多いテンと推定した。

姫君の装いをしたキジ(C1313左中央)は、頭部や尾羽からはオスに見える。ただし、ニホンキジのメスでは、高齢化するとオスに似た羽色に替わる個体がいることから、当時の人もそうした生態を踏まえて、高齢の女性の意味で描いたのかもしれない。
＊第2次国宝シリーズ第3集「鳥獣人物戯画」は13㌻参照。

哺乳類

▲ネコ

C1312「鳥獣人物戯画」

C1313「鳥獣人物戯画」

▲ニホンザル(左)とキジ(右)

1990.10.5. 国際文通週間
C1312　80Yen ·················· 120□　C1313　120Yen ·················· 190□

▲仰向けにひっくり返ったカエル(事件の被害者か?)と心配して声をかけるウサギ・カエルの検非違使、「何ごとか」と振り向くキツネの一家。
◀画面左上のネコから隠れるように、ウサギの陰に隠れるネズミ。

▲田楽踊りを披露するカエルたち

▲テン　▲キジ、ウサギ、キツネ　▲ウサギ　▲ネズミ

C2090 e (左)
C2090 j (上)
「鳥獣人物戯画」

C2100 e (左)
C2100 j (上)
「鳥獣人物戯画」

◀谷川で水浴びをするウサギとニホンジカ。いずれもおなじ場面を描く(右の2種はホログラム部分にウサギとシカが描かれている)。

＊このウサギとシカの水浴びの場面は、1986年(昭和62)用年賀お年玉小型シートのシート地にも採用されている。

2011.1.21.　日本国際切手展2011
C2090 e,j　各80Yen ·················· 150□

2011.7.28.　日本国際切手展2011
C2100 e,j　各80Yen ·················· 150□

※C1312およびC1313は、原寸の85%

哺乳類

704 ニホンザル
2015.2.2. 平成切手 2014年シリーズ
704 5Yen ················ —☐
[同図案▶722]

C2203c ニホンザル（幼獣）
2015.1.23. ほっとする動物シリーズ第3集（82円）ニホンザル
C2203c 82Yen ············ 120☐

桃太郎のお伴はなぜ猿、雉、犬か？

雉を鶏と読み替えれば、サル、トリ、イヌと十二支の並びとなる。十二支では時刻や方角、農耕暦などに使われていた。鬼は鬼門、北東を象徴し、十二支は丑寅になる。ゆえに、鬼は牛の角を生やし、虎の衣を纏う。鬼門の対角にあたる未申のうち、ヒツジは日本に生息しなかったため、申・酉・戌が桃太郎に味方したという。

 ◀サル
 ◀キジ
◀イヌ

C2257b 上杉本洛中洛外図屏風
2016.4.20. 切手趣味週間
C2257b 82Yen ············ 120☐

▲猿曳（猿回し）の男と猿

C1978g-h 桃太郎
2008.2.22. アニメ・ヒーロー・ヒロインシリーズ第7集
C1978g-h 各80Yen ········· 120☐

C2375g 高崎山
2018.9.5. My旅切手シリーズ第4集
C2375g 62Yen ···· —☐

C2387h サル
2018.10.17. 森の贈りものシリーズ第2集
C2387h 82Yen ············ ☐

▲サル ▲キジ ▲イヌ
2013.10.4. 地方自治法施行60周年シリーズ 岡山
R841a 80Yen ············ 120☐
R841a 岡山後楽園と桃太郎

2019.4.12. 天然記念物シリーズ第4集
C2404i 82Yen ········ —☐

C2404i ニホンザル

ヒト科　Hominidae
ゴリラ属やチンパンジー属はショウジョウ科に分類されていたが、DNA分析の結果ヒト科に含められた。原則群れで生活する。単独生活するオランウータン類を科として独立させる説もある。

C1383 ランとチンパンジー
1992.3.2. 第8回ワシントン条約締結国会議記念
C1383 62Yen ············ 100☐

【チンパンジー　*Pan troglodytes*】
属名のpanはギリシャ神話の牧畜の神パーンのこと。やぎ座（C2121）はパーンの変身し損ねた姿。種名はギリシャ語でtrōglē（穴に）＋dutēs（住む）だが、本種は洞窟には住まない。

【ニシゴリラ　*Gorilla gorilla*】
語源は古代カルタゴ人のHannoがアフリカ航海記に書いたGorillaiと呼ばれる毛深い部族にちなむ。ゴリラが胸を叩くドラミングは、拳骨ではなく、平手の"ぱちぱちパンチ"である。

C918 ゴリラ（♂）とフラミンゴ
1982.3.20. 動物園100年
C918 60Yen ············ 100☐

C2187e ボルネオオランウータン（手前：幼獣、奥：成獣♀）

【ボルネオオランウータン　*Pongo pygmaeus*】
他のヒト科のサルと異なり、子連れの雌以外は単独生活する。生息地の森林がパームオイル農園に変わり数が減少しており、同油を利用する企業による保護活動も行われている。

2014.9.19. ほっとする動物シリーズ第2集（52円）
C2187e 52Yen ············ 80☐

ウサギ目　Lagomorpha

別名を重歯目というのは、上顎の門歯の後ろに小さい門歯が重なって生えるため。門歯と臼歯は一生伸び続ける。無麻酔では口が大きく開かないため、歯の治療は獣医師泣かせ。

ナキウサギ科　Ochotonidae

ウサギ科と異なり、小柄で耳も小さく、モルモットに似た姿。後足の長いウサギ科と異なり、足は前後同じくらいの長さ。静かなウサギ科と違い、鋭い笛の音のような声で鳴く。

【エゾナキウサギ　*Ochotona hyperborea yesoensis*】

キタナキウサギ（*Ochotona hyperborea*）の亜種。生息地である岩がゴロゴロしたガレ場では、餌になる植物が少ないため、草を干して岩のすき間に保存食として貯めこむ習性がある。

C2275b　エゾナキウサギ
2016.8.10.　山の日制定
C2275b　82Yen……120□

C2358c　エゾナキウサギ
2018.4.11.　天然記念物シリーズ第3集
C2358c　82Yen……120□

ウサギ科　Leporidae

アナウサギ類は毛も生えず目や耳の穴の閉じた未熟な子を巣穴で産むが、ノウサギ類は妊娠期間が長く、初めから目も開き、長い耳と毛のある子を産む。両者とも授乳は日に1回程度。

【ニホンノウサギ　*Lepus brachyurus*】

耳の毛は先端付近が黒い。ノウサギ類は野原で子を産み、子は1頭ずつ分散して微動にしない。日が暮れると子は1か所に集まり、親が授乳に現れる。授乳後、子は再び散らばり隠れる。

1977.3.25.　第2次国宝シリーズ第3集
C733　50Yen …………………… 80□
C733　鳥獣人物戯画

※「鳥獣人物戯画」については、11㌻コラム参照。

1990.10.5.　国際文通週間（1990年）
C1312　80Yen …………………… 120□

1990.10.5.　国際文通週間（1990年）
C1313　120Yen …………………… 190□

2011.1.21.　日本国際切手展2011
C2090e, j　各80Yen …………… 150□

デフォルメした動物切手の難しさ

▼スズメ目の一種
▶エリマキトカゲ
▶カエル
▶チョウ（ニホンザル?）
▶サル
▶ゾウ科の一種（アフリカゾウ?）
▶ハチドリまたはオウム
▶アカショウビン?
▶チョウ（2匹）
▲フクロウ　C1453 生きものの環（わ）

1994.6.3.　環境の日制定
C1453　80Yen …………………… 150□

切手の動物種の同定で難しいのがイラストや工芸品の意匠化された絵である。C1453を例にとると、①エリマキトカゲのように絵の特徴だけで同定できるもの、②フクロウやニホンザルのように分布を併せ推定できるもの、③ゾウのように耳はアフリカゾウで鼻先の形はアジアゾウと複数種の特徴を兼ね備えたもの、等が見られる。本書では③はゾウ科の1種、と可能な限り分類群を絞り込んで分類してある。

※C1453は原寸の150%

2011.7.28.　日本国際切手展2011
C2100e, j　各80Yen …………… 150□

※上記はいずれも「鳥獣人物戯画」を題材とする。詳細は、11㌻コラム参照。

C2278d
お月見うさぎ（冬毛）

C1992b　ウサギ
G45e　いちご畑と野ウサギ

2005.7.22.　ふみの日（2005年 50円）
C1992b　50Yen …………………… 80□

2011.2.4.　春のグリーティング（2011年 花と動物）
G45e　50Yen …………………… 80□

2016.8.19.　My旅切手シリーズ第1集 レターブック版
C2278d　82Yen …………………… 120□

哺乳類

哺乳類

G142c　うさぎ

C2101a
豆兎蒔絵
螺鈿硯箱
（まめうさぎ
まきえらでん
すずりばこ）

G47a　ピーター
ラビット（横向き）

G47c　ピーター
ラビット（正面）

G47d　ベンジャミン・
バニー

2016.10.3.　秋のグリーティング（2016年 52円）
G142c　52Yen ············· 100□

2011.7.28.　日本国際切手展2011（金箔付き）
C2101a　500Yen ············· —□

2011.3.3.　ピーターラビット™と仲間たち（50円）
G47a,c,d　各50Yen ············· 80□

【エゾユキウサギ　*Lepus timidus ainu*】
夏は灰色がかった茶色だが、冬は耳の先を除き真っ白になる。寒冷地に適応して耳は小さく、雪上を歩きやすいよう後足先の毛が長くて着地面も広く、かんじきのように働く。

（左）R693b
エゾユキウサギ
（左：成獣夏毛、
右：幼獣夏毛）
（右）702
エゾユキウサギ
（冬毛）

2007.5.1.　北の動物たちⅡ
R693b　80Yen ············· 120□

2014.3.3.　平成切手・2014年シリーズ
702　2Yen ············· —□

【アナウサギ　*Oryctolagus cuniculus*】
属名はギリシャ語のoruktēr（穴掘り）+lagōs（野兎）だが、ノウサギは穴を掘らない。種名はラテン語で兎と地下通路の両方の意味がある。年長のメスは主トンネルに巣をつくり、低順位のメスは出産用に短い穴を掘る。

※シートは原寸の40％

G48　ピーターラビットのおはなし™

徹底的な観察によって、写実的に描かれた「ピーターラビット™」の動物

作者のビアトリクス・ポターは、幼少時より多くの動物を飼い、徹底的に観察し、正確にスケッチしていた。アナウサギの耳は先が黒いが、先端の1列の毛だけは白い。これはG48c、G98aなどに正確に描かれている。尾は尾の背側が黒く、腹側は白い。これはG48g、G48jに見られる。

フクロウ類の足指は、枝を握る時や獲物を掴む時は前後2本ずつだが、平らな面に立つと前3本、後ろ1本となる。G47fでは足指の向きが正確に描かれている。しかし、G97dでは指が3本前にあるのは誤りで、第4趾は後ろに回るのが正しい。なお、この第4趾を後方にもできる（可変対趾足）鳥は、他にはタカ目のミサゴ（*Pandion haliaetus*）だけである。

※上段は耳、中段は尾、下段は足指に注目！

G98a

G97d

【写真提供：PIXTA】　　※G47c、G48g,jの切手全体図は上、G47fは86㌻を参照。

2011.3.3. ピーターラビット™のおはなし (80円)
G48　800Yenシート ……………………………… 1,200☐
2015.1.9. ピーターラビット™と仲間たち (52円)
G97b, f-j　各52Yen …………………………………… 100☐
※図版省略
2015.1.9 ピーターラビット™の暮らし (82円)
G98　820Yenシート ……………………………… 1,500☐
※図版省略

※「ピーターラビット™と仲間たち」は、その描写が他のキャラクター図案に比べて、実際の動物の特徴をつかみ、非常に写実的に描かれていることから、採録基準の例外として、最初に発行された2011年のグリーティング切手を掲載する（2015年のグリーティング切手はリストのみ掲載）。左↓のコラム参照。

【アマミノクロウサギ　*Pentalagus furnessi*】
耳と手足が短く、ウサギ科で最も原始的な特徴を残す種。ネコによる食害が深刻で、ネコの不妊去勢手術と譲渡、飼い猫の登録、ネコを室内飼いにする啓発が進められている。

C656　アマミノクロウサギ　　C2173a　アマミノクロウサギ

1974.8.30.　自然保護シリーズ (第1集、哺乳類)
C656　20Yen ………………………………………… 40☐
2014.5.15.　自然との共生シリーズ第4集
C2173a　82Yen ……………………………………… 120☐

………小さな耳は太古のしるし………
ウサギといえば耳が長い。だが、アマミノクロウサギは耳が長く進化する前の、短い耳介、短い四肢（特に後ろ足はバネが効かない）といった古いウサギの特徴をもつ。また、音声でコミュニケーションを取る。ウサギ科の他種は鳴かないことから、捕食者の少ない島だけで残った形質と考えられる。

ネズミ目（齧歯目 げっしもく）Rodentia

哺乳類の種数の4割を占める最も成功したグループ。科名はラテン語のrodo（齧る）に由来し、上下の門歯は一生のび続ける。犬歯はない。なお、進化して犬歯を失った哺乳類は多いが、サル目には犬歯があり、その面からみるとヒトには原始的な側面がある。

リス科　Sciuridae
科名はギリシャ語のskia（影）+ouro（尾）で、立てた尾をリスの影に見立てたもの。モモンガのように樹上生活するものと、ジリス類やハタリス類のように地中に穴を掘るものがいる。

【キタリス　*Sciurus vulgaris*】

G53c　冬の帽子 (冬毛)

2011.11.10. 冬のグリーティング (2011年 ピンク)
G53c　90Yen ………… 140☐

G47f ふくろうのブラウンじいさまとナトキン

G47i りすのナトキン

2011.3.3.　ピーターラビット™と仲間たち (50円)
G47f, i　各50Yen …………………………………… 80☐

（左）G97c
りすのナトキン
（右）G65c (冬毛)
ともだちへ

2015.1.9　ピーターラビット™と仲間たち (52円)
G97c　52Yen ………………………………………… 100☐
2012.11.9.　冬のグリーティング (2012年 ブルー)
G65c　90Yen ………………………………………… 140☐

【エゾリス　*Sciurus vulgaris orientis*】

R680c エゾリス (冬毛)　　C2038d　エゾリス (冬毛)

2006.7.3.　北の動物たち
R680c　50Yen ………………………………………… 80☐
2008.7.7.　北海道洞爺湖サミット記念
C2038d　80Yen ……………………………………… 120☐

哺乳類

【モモンガ　*Pteromys momonga*】
属名はギリシャ語のpteron（翼）＋mus（ネズミ）より「有翼の鼠」、の意。飛膜は首から指先、手首から足指の付け根、足から尾の間と、ほぼ体を一周している。尾を舵にして高速旋回する。

2018.10.17.　森の贈りものシリーズ
第2集（62円）
C2386b　62Yen…………………—□
C2386b　モモンガ

【エゾモモンガ　*Pteromys volans orii*】

（左）R524
エゾモモンガ
（右）R693c
エゾモモンガ（上：成獣（♀）、下：幼獣）

2002.2.5.　エゾモモンガ
R524　80Yen……………………………120□
2007.5.1.　北の動物たちⅡ
R693c　80Yen……………………………120□

（左）R802j
エゾモモンガ
（右）C2358d
エゾモモンガ

2011.9.9.　旅の風景シリーズ第13集（北海道）
R802j　80Yen……………………………120□
2018.4.11.　天然記念物シリーズ第3集
C2358d　82Yen……………………………120□

…… 齧歯類のお口のお悩み解消します ……
リスなど貯食性の齧歯類は、頬の内側の粘膜が拡張した頬袋を持つ。満杯になると頬袋は肩甲骨辺りの皮下まで達する。餌は手で押し込み、出す時も手、時には足も用いて餌をしごき出す。大きい物を出すときは頬袋の一部が反転脱出するので粘膜面を観察できる。ハムスターでは複数を同居飼いすると、他個体に餌をとられまいと長期貯留して、頬袋が餌ごと腐ってよく手術になる。頬袋は切除しても再生するので再発防止が重要である。

【エゾシマリス　*Tamias sibiricus lineatus*】

（左）R157
エゾシマリス
（右）C2358b
エゾシマリス

1995.3.3.
エゾシマリス
R157　80Yen…120□
2018.4.11.
天然記念物シリーズ第3集
C2358b　82Yen……………120□

ヤマネ科　Gliridae
科名はラテン語の gliris（ヤマネ）より。地中で体温が零度近くまで下がる完全冬眠を行うことができ、秋に2〜3倍に太る。冬以外にも、一時的に低体温となる日内休眠を行う。

【ヤマネ　*Glirulus japonicus*】

夜行性で果実、小動物等を食べる。齧歯目では例外的に盲腸が無く、盲腸発酵が不要なセルロースの少ない餌を食べる。堅い実は齧れない。襲われると尾を切り離すことがある。

2016.9.23.
天然記念物シリーズ第1集
C2280c　ヤマネ　C2280c　82Yen…………120□

ネズミ科　Muridae
科名はラテン語のmuris（ネズミ）から。子ネズミの歯は白いが、成長すると門歯の前面がオレンジ色になるのは、エナメル質に多く含まれる鉄が酸化した色で、要は鉄錆（てっさび）の色である。

【ハツカネズミ　*Mus musculus*】
種名のmusculusは小さなネズミの意。和名は妊娠期間が20日前後であることから。白い個体は実験用に使われるが、野生では黒から茶色で、白はまれ。ダイコクネズミとも呼ばれる。

C647　出会い　　C648　浄土へ

C649　もてなし
1975.4.15.
昔ばなしシリーズ
（第7集 ねずみの浄土）
C647-49　各20Yen……40□

2011.3.3.
ピーターラビット（50円）
G47b　50Yen……………………80☐

G47b　グロースターのねずみ

【クマネズミ　*Rattus rattus*】
尖った顔と黄褐色の手足からクマネズミと推定する。ハツカネズミは耳がより大きく、アカネズミとヒメネズミは毛が赤っぽく腹は白、ドブネズミは手足がより白く顔が丸い。

C2035d
葡萄図

2008.4.18.
切手趣味週間（2008年）
C2035d　80Yen………………120☐

【ヤマアラシ科　Hystricidae】
敵に対し、お尻を向けて頭を守り、逆立てたトゲをガサガサ鳴らす様から"山嵐"。出生時には既に柔らかいトゲが生えている。トゲには"かえし"があり、刺さると抜けにくい。

【アフリカタテガミヤマアラシ　*Hystrix cristata*】

C2202e
アフリカタテガミヤマアラシ
（上：成獣♀、下：幼獣）

2015.1.23.　ほっとする動物シリーズ
　　　　　　第3集（52円）
C2202e　52Yen…………………80☐

【テンジクネズミ科　Caviidae】
テンジクネズミとはモルモットの別名で、天竺から連想されるインドとは関係なく、南米の動物である。食用にされる種も多い。以前、カピバラ属は独立したミズブタ科とされていた。

【カピバラ　*Hydrochoeris hydrochaeris*】
別名ミズブタ。最大の齧歯類で、水かきを持ち泳ぎが巧み。天敵は捕食者であるヒトとジャガー。毛皮も有用で養殖されている。学名はギリシャ語のhudōr（水）＋khoiros（子ブタ）、の意。

（左）C2188c
カピバラ（幼獣）

（右）C2370j
カピバラ（左：幼獣、右：成獣）

2014.9.19.　ほっとする動物シリーズ第2集（82円）
C2188c　82Yen………………………120☐
2018.7.27.　動物シリーズ第1集（62円）
C2370j　62Yen…………………………—☐

【ネズミの1種　Muridae sp.】
1990.10.5.　国際文通週間（1990年）
C1312　80Yen……………………………120☐
1990.10.5.　国際文通週間（1990年）
C1313　120Yen……………………………190☐
※いずれも題材は「鳥獣人物戯画」。11ｐコラム参照。

【ハリネズミ目　Erinaceomorpha】
以前の食虫目（別名、モグラ目または無盲腸目）はハリネズミ目、トガリネズミ目、アフリカトガリネズミ目、ハネジネズミ目に分けられた。erinaceusはラテン語で「いが状」の意。

【ハリネズミ科　Erinaceidae】
トゲのあるハリネズミ類とトゲのないジムヌラ類に分かれる。ハリネズミ類は襲われると丸まって針を逆立てて身を守る。出生時の針は寝ていて柔らかいが、乾くと硬くなる。

【ナミハリネズミ
　Erinaceus europaeus】
ハリネズミ属（*Erinaceus*）は全種が特定外来生物に指定されており、本州にアムールハリネズミ（*E. amurensis*）が定着している。日本には地表を歩き回り小動物を捕食する哺乳類が少ないことから、生態系への影響が懸念される。

G47g
はりねずみの
ティーギーおばさん

2011.3.3　ピーターラビット（50円）
G47g　50Yen……………………………80☐

……………どっちがネズミ？……………
カピバラは齧歯類であるが、知らずに実物を見て、ネズミの仲間と思う人はいま。次ページのトガリネズミのように、ネズミの名のつく動物の方が余程ネズミらしいが、実はこのトガリネズミ、ハリネズミ類やハネジネズミ類などと同様にネズミの名がついて姿が似ていても、別系統の動物たちである。これは別系統の動物が収斂（しゅうれん）進化＊して似た姿になった結果である。
近年、DNA分析により動物の系統を見直してみると、同一グループに分類していた動物が、実は別系統と判明する例は、枚挙にいとまがない。例えばハヤブサ類はワシタカ目に入れられていたが、DNA解析の結果全くの別系統とわかり、ハヤブサ目として独立した。
ネズミ型の哺乳類が多数いるということは、それだけネズミの体型は哺乳類の生理生態に適しており、齧歯目が哺乳類中で最も種数が多く繁栄している理由の1つなのである。

＊収斂進化：例えばフクロモモンガ（カンガルー目フクロモモンガ科）とモモンガ（ネズミ目リス科）や、マッコウクジラ（クジラ偶蹄目マッコウクジラ科）とジンベエザメ（テンジクザメ目ジンベエザメ科）など、本来はグループの異なる生物が同様の環境下で生息するうち、似たような姿や特徴に進化すること。

哺乳類

哺乳類

トガリネズミ目　Soricomorpha

モグラ科、トガリネズミ科からなる目。食虫目をアフリカ、南米、古代ローラシア大陸で進化した3群に分ける考え方から、ハリネズミ類を合わせて真無盲腸目とする説もある（17ページハリネズミ目の解説参照）。

トガリネズミ科　Soricidae

長い鼻と鼻先の毛を地面や落ち葉に差し込んで虫などの獲物を探す。唾液に毒を持つ種類がいる。哺乳類でも小柄なグループで、代謝が活発で始終食事をしないと餓死してしまう。

【トウキョウトガリネズミ　*Sorex minutissimus Kawkeri*】

世界最小の哺乳類の一つ。和名に「トウキョウ（東京）」とあるが、北海道にしかいないチビトガリネズミ（*Sorex minutissimus*）の亜種。これは採集者が標本ラベルにYezo（蝦夷）と書くべきところを、Yedo（江戸）と誤ったとの説が有名。

C2126a　トウキョウトガリネズミ
2012.8.23.
自然との共生シリーズ第2集
C2126a　80Yen……… 120□

▶体長は約8cm（尾の長さは約3cm）、体重は約2g。1円玉と比べると、その小ささが実感できる。
【写真提供：河原 淳 博士】

クジラ偶蹄目（鯨偶蹄目）　Cetartiodactyla

DNA系統分析の結果、鯨類はカバに近縁とわかり、同じ目に合併された。鯨類とカバをきょうだいに喩えると、鯨類と反芻類（はんすうるい）は"いとこ"、鯨類とイノシシ・ラクダは"はとこ"にあたる。

イノシシ科　Suidae

科名はラテン語のsus（豚）に由来。雑食性で、雄の犬歯は伸び続けるが、雌では目立たない。ゾウやバク同様、鼻が長い。イノシシは巣を作らない有蹄類では珍しく、植物を編んで巣を作り、出産する。

【イノシシ　*Sus scrofa*】

（左）C2016a
「猪図」より
眠る猪
（右）C2016b
／C2017a
「猪図」より
野を駆ける猪

2007.4.20.　切手趣味週間（2007年、いのしし）
C2016a-b　各80Yen ……………………… 120□
C2017a　80Yen ……………………… 120□
※C2016bとC2017aは同図案。

カバ科　Hippopotamidae

ギリシャ語でhippoは馬、potamosは河で、これを訳して河馬という。門歯と犬歯は一生伸び続け、象牙と偽り売るため密猟されたり、紛争地での人の食糧にされて減少している。

【カバ　*Hippopotamus amphibius*】

C1899a　かば
2003.7.23.
ふみの日（2003年 80円）
C1899a　80Yen ……………… 120□

※擬人化されたイラストが題材で、採録基準からは外れるが、カバを描いた日本切手はこの1枚のみのため、掲載する。

シカ科　Cervidae

科名はラテン語のcervus（雄鹿）から。毎年春に生え換わる枝角を持つ。角は骨質のため、落ちた角はメスがなめて乳汁のカルシウム補給を行う。トナカイ（*Ragifer tarandus*）だけは、メスにも角がある。

【ヘラジカ　*Alces alces*】

G142e　へらじか
2016.10.3.
秋のグリーティング
（2016年 52円）
G142e　52Yen ……………… 100□

【ニホンジカ　*Cervus nippon*】

ニホンジカは国内だけでも7亜種あるが、動物園では古くから飼われているため亜種が不詳のことも。北海道の亜種エゾシカは大きく、街中で家庭菜園に侵入しようとネットに引っ掛かると、暴れてかなり危険。屋久島と口永良部島に分布する亜種ヤクシカは小型で、角の分岐も3本以下と少ない。

186
富士鹿
切手
（上：♂）

C306　正倉院御物
「板締め染」のシカ（♂）

437　ニホンジカ
（10円）
（上：♂、下：♀）

1922.1.1.　富士鹿切手
186　4Sen ……………………………… 3,800□
[同図案]▶187 8Sen ～ 199 20Sen]

1960.3.10.　奈良遷都1250年
C306　10Yen ……………………………… 50□

1972.2.1.　新動植物国宝図案切手・1972年シリーズ
437　10Yen ……………………………… 30□

哺乳類

C1197　銀製鍍金狩猟文小壺

C1803c　春日山原始林(♂)

1989.1.20.　第3次国宝シリーズ第6集
C1197　60Yen……………………………………100□
2002.7.23.　第2次世界遺産シリーズ第8集(奈良2)
C1803c　80Yen……………………………………120□

（左）C2020e
猿丸大夫(上の句)(右:♂、左:♀)

（右）C2020 f
(下の句)

2007.7.23.　ふみの日 (2007年 80円)
C2020e-f　各80Yen………………………………120□

R731g　若草山
（左：幼獣、右：成獣♀)

2009.3.2.　旅の風景シリーズ第5集(奈良)
R731g　80Yen……………………………………120□

2011.1.21.　日本国際切手展2011
C2090e, j　各80Yen………………………………150□
2011.7.28.　日本国際切手展2011(シール式)
C2100j　80Yen……………………………………150□

※上記はいずれも「鳥獣人物戯画」を題材とする。詳細は、11ページコラム参照。

（左）706
ニホンジカ
(20円)(♂)

（右）C2386j
シカ(♂)

2015.2.2.　平成切手・2014年シリーズ
706　20Yen………………………………………—□
[同図案▶723]

2018.10.17.　森の贈りものシリーズ第2集 (62円)
C2386j　62Yen……………………………………—□

【ヤクシカ　*Cervus nippon yakusimae*】

1995.7.28.
第1次世界遺産シリーズ第3集
C1508　80Yen……………………………………150□

C1508　ヤクシカ(♂)

【エゾシカ　*Cervus nippon yesoensis*】

1994.6.7.　エゾシカ
R148　50Yen………………………………………80□

R148　エゾシカ(♂)

（左）R693d
エゾシカ(左：幼獣、右：成獣♀)

（右）C2006h
エゾシカ(♂)

2007.5.1.　北の動物たちⅡ
R693d　80Yen……………………………………120□
2007.7.6.　第3次世界遺産シリーズ第3集(知床)
C2006h　80Yen……………………………………120□

【シカ属の1種　*Cervus sp.*】

1982.12.6.　新動植物国宝図案・1980年シリーズ
468　70Yen………………………………………120□
[同図案▶493 72Yen]

468
シカ(春日山蒔絵硯箱)

（左）G45a
クロッカスと子鹿(幼獣)

（右）C2370a
シカ

2011.2.4.　春のグリーティング(2011年 花と動物)
G45a　50Yen………………………………………80□
2018.7.27.　動物シリーズ第1集 (62円)
C2370a　62Yen……………………………………—□

哺乳類

キリン科　Giraffidae

キリンとオカピから成る科。長い舌を持ち、トゲのある枝からも器用に葉をなめ取って食べる。舌が青いのは日焼け対策のメラニン色素によるもの。オカピのメスには角がない。

【アミメキリン　*Giraffa camelopardalis reticulata*】

1982.3.20.　動物園100年
C921　60Yen……………100□

2014.9.19.
ほっとする
動物シリーズ第
2集（52円）
C2187d
52Yen……80□

C921
キリンとシマウマ

C2187d　アミメキリン
（左：幼獣、右：成獣）

【マサイキリン　*Giraffa camelopardalis tippelskirchi*】

C2162a　キリン

2013.12.12.　日ケニア外交
関係樹立50周年
C2162a　80Yen…………120□

【キリン　*Giraffa camelopardalis*】

1994.7.22.
ふみの日（1994年 80円）
C1455　80Yen……………150□
［同図案▶C1456 小型シート］

C1455
キリンの手紙

2018.7.27.
動物シリーズ
第1集（82円）
C2371e
82Yen…………―□

C2371e　キリン

┄┄┄┄　**考えるとキリンがない**　┄┄┄┄

アミメキリンとマサイキリンは模様も違うが、一番大きな違いは分布地域である。この動物の分布、切手ではいい加減な国も多いため、キリンの亜種の同定に迷う切手も多い。理想はC2162aのように、全身が描かれ、同じ地域に分布する他の動物と描かれた切手。模様と他種の分布の両面から亜種を確定できる。しかし、C921のように全身が描かれていない図案や、C920のパンダとゾウ（7才、27才参照）のように分布の違う動物を組合せた図案では、亜種の同定に役立たず悩んでしまう。

ウシ科　Bovidae

科名はラテン語のbos（牡牛）に由来。角は雌雄ともにあり、頭骨の一部が突出して角質の鞘が被ったもので、抜け落ちることはなく、枝分かれもしない。一日の大半を反芻に費やす。

【オグロヌー　*Connochaetes taurinus*】

ウシ科だが体つきとたて髪はウマに似る。足はレイヨウに、頭と角はウシに似る不思議な印象の動物。雨季と乾季の間に、草を求めてマサイマラとセレンゲティ間の1000km以上を大移動する。いわば鳥でいう渡りである。

C2162a　キリン
（遠景左から2から4番目）

C2162d　シマウマ
（右から2番目）

2013.12.12.　日ケニア外交関係樹立50周年
C2162a,d　各80Yen……………120□

オグロヌーは他の草食動物と混群を形成することがある。シート地の題字部分にも、シマウマと混ざって進むオグロヌーの群れが描かれている。

【ニホンカモシカ　*Capricornis crispus*】

シカの仲間ではなくウシ科である。カモシカの毛皮はシカより上質で寒さを防ぐため、猟師の尻などに使われた。雪が減り、シカのいなかった地方にシカが進出して高密度になるとカモシカは移動を余儀なくされる。

357　カモシカ

C2086d　ニホンカモシカ

708
ニホンカモシカ
［同図案▶725］

1952.8.1.　第2次動植物国宝切手
357　8Yen……………………30□
2010.10.18.　生物多様性条約第10回締約国会議記念
C2086d　80Yen……………120□
2015.2.2.　平成切手・2014年シリーズ
708　50Yen……………………―□

20

（左）C2280d カモシカ
（右）C2404e カモシカ

2016.9.23.　天然記念物シリーズ第1集
C2280d　82Yen……………………120□

2019.4.12.　天然記念物シリーズ第4集
C2404e　82Yen……………………—□

【シロオリックス　Oryx dammah】
絶滅寸前まで狩猟されたが、飼育下でよく増え1991年にチュニジアで再移入も始まった。C2149eは幼獣で角は短いが、成獣は美しく曲がった長い角を持つ。

C2149e　シロオリックス（幼獣）

2013.9.20.　ほっとする動物シリーズ第1集（82円）
C2149e　80Yen……………………150□

ナガスクジラ科　Balaenopteridae
科名はラテン語のbalaena（鯨）とギリシャ語のpteron（鰭／ひれ）の合成語。喉から胸、腹全体にかけて深い畝（うね）を持ち、ひげで餌を濾し取って食べる。

【ナガスクジラ科の1種？　Balaenopteridae sp.?】

（左）R104 坂本龍馬とクジラ
（右）R372 坂本龍馬
（いずれもニタリクジラを除く）
[同図案▶
R753b 80Yen]

1991.6.26.　土佐のくじら
R104　62Yen……100□

1991.6.26.　土佐のくじら
R104　62Yen……………………400□

土佐湾にはいない!? 謎のクジラ
坂本龍馬とクジラを描いた、ふるさと切手高知版「土佐のくじら」(R104)と、「坂本龍馬」(R372)。龍馬の故郷・土佐湾にやって来るのはナガスクジラ科の「ニタリクジラ」なのだが、実はニタリクジラは尾を挙げない。この図案のクジラは尾を挙げているので、そのモデルは多種のクジラと考えられる。切手のデザインはあくまで空想上のイラストではあるが、「土佐のくじら」と銘打っているのに、モデルが土佐湾の主役・ニタリクジラではない…というのは、少し残念。

実は2種類のクジラが描かれていた東京版ふるさと切手「小笠原の自然」

「21世紀に伝えたい東京の風物」をテーマに発行された5種連刷のうちの1種、「小笠原の自然」。当時の報道発表では、小笠原の自然を代表する「ザトウクジラ」、「ムニンヒメツバキ」、「メグロ」を描く、とされているが、実は2種類のクジラが描かれている。
　海面上に尾びれのみ見えているクジラは、報道発表通りナガスクジラ科のザトウクジラだが、海中にいるのはマッコウクジラの親子。ザトウクジラとは頭の形などが明らかに異なる。

【ザトウクジラ　Megaptera novaeangliae】
尾はどのクジラより長大で尾端に小さいコブが並ぶ。この尾を活かし、巨体にも関わらず海面ジャンプが可能。

◀ザトウクジラの尾びれ

マッコウクジラ科　Physeteridae
ハクジラ類の中で最も大きく、歯のある動物では世界最大で、巨大な頭部形状が特徴。

【マッコウクジラ　Physeter macrocephalus】
マッコウクジラの名は、その腸内でできる蠟状の腸結石"龍涎香"が抹香の匂いに似るから。

◀マッコウクジラ（下：♀、中央：幼獣）
※切手は原寸の150%

R374　小笠原の自然

2000.1.12　21世紀に伝えたい東京の風物
R374　50Yen……………………80□

【シロナガスクジラ　Balaenoptera musculus】

2002.4.25　第54回国際捕鯨委員会
R538　80Yen……………………120□

R538　シロナガスクジラと下関の街並み

英語でBlue whaleという通り、うすい灰青色をしている。群体を作らない単体の生物としては地球最大で、体長20〜30m、体重100〜160トン。夏は餌の豊富な極地方にいて、冬は出産と子育てのため餌はほとんどいないが、子には温かい低緯度の海に移動し、ほぼ絶食状態で授乳して過ごすため体重の増減が激しい。

哺乳類

哺乳類

マイルカ科　Delphinidae

科名はギリシャ語のdelphis（イルカ）から。吻（ふん／口あるいはその周辺が前方へ突出している部分）が長く上下とも歯がある。なお、クジラ類を歯の有無でヒゲクジラ類とハクジラ類に分け、おおよそ4m以下のハクジラ類をイルカと呼ぶが、厳密な区別ではない。

【カマイルカ　Lagenorhynchus obliquidens】

R708d　名古屋港水族館とつつじ(2)

2007.11.5.　名古屋港
R708d　80Yen…………………120□

【シャチ　Orcinus orca】

（左）R708c
名古屋港水族館とつつじ(1)
（右）C2148b
シャチ（手前：幼獣、奥：成獣）

2007.11.5.　名古屋港
R708c　80Yen…………………120□
2013.9.20.　ほっとする動物シリーズ第1集（50円）
C2148b　50Yen…………………100□

【ミナミハンドウイルカ　Tursiops aduncus】

C2118i
ミナミハンドウイルカ

2012.6.20.　第3次世界遺産シリーズ第5集（小笠原諸島）
C2118i　80Yen…………………120□

科不明

【クジラの1種　Cetartiodactyla sp.】

（左）304　捕鯨
（右）313　捕鯨
[同図案▶325]

1947.6.10　第2次新昭和切手
304　5Yen…………………1,800□
1949.5.20.　産業図案切手
313　3Yen…………………900□

ネコ目（食肉目）　Carnivora

科名はラテン語のcaro（生肉）＋voro（むさぼり食う）、に由来する。現生の種では上顎の最後方小臼歯と下顎の第一大臼歯が鋭く尖った裂肉歯となっており、鋏のように肉をそぎ取る。

ネコ科　Felidae

科名はギリシャ語 feles（猫）に由来。前足の指は5本、後足では4本で、鋭いかぎ爪を持ち、これはチーターを除き自由に出し入れできる。舌にはやすりのような細かい突起がある。

【チーター　Acinonyx jubatus】

チーターの語源はサンスクリット語のchitrakaで「斑の体」、の意。属名はギリシャ語で否定のa-＋kineō（動く）＋onux（爪）で、爪が動かない（収納できない）との解釈あり。ネコ科では例外的に群れで暮らす。

C2162b　チーター

2013.12.12.　日ケニア外交関係樹立50周年
C2162b　80Yen…………120□

【ツシマヤマネコ　Prionailurus bengalensis euptilurus】

アジアに分布するベンガルヤマネコの亜種。イエネコとの鑑別点は耳たぶが尖らず丸みがあること、尾が太く長い点など。対馬では保護事業が行われ下島にも生息域が拡大中。

C2102a　ツシマヤマネコ

2011.8.23.
自然との共生シリーズ第1集
C2102a　80Yen…………120□

【イリオモテヤマネコ　Prionailurus iriomotensis】

現地でヤマピカリャーと呼ばれた目の光る謎の生物（UMA）の正体として1965年に発見された。他のネコ属では上顎の小臼歯は3本だが、本種は2本で新種とされたが、DNA分析からはベンガルヤマネコの亜種である説が有力。

C654　イリオモテヤマネコ

1974.3.25.　自然保護シリーズ（第1集、哺乳類）
C654　20Yen…………40□

【ライオン　Panthera leo】

(左) C919 ライオン(♂)とペンギン

(右) C1210 日本最初の共同水道蛇口(♂)

1982.3.20.　動物園100年
C919　60Yen ……………………………………… 100□

1987.10.16.　近代水道100年
C1210　60Yen ……………………………………… 100□

······ 東京を守護する「日本橋」の獅子 ······

C412 首都高速（日本橋）

1911年（明治44）に架橋された現在の日本橋は、国の重要文化財。橋の燈柱に麒麟と獅子の像が鎮座している。この獅子像は、奈良県・八幡宮の狛犬やヨーロッパのライオン像などを参考に造られた。東京市章（現在の東京都章）を抱えた姿には、東京の守護という意味が込められている。

※なお、「麒麟」は架空の動物のため、本書では言及しない。

▲橋両端の燈柱に飾られた獅子像

1964.8.1.　首都高速道路開通記念
C412　10Yen ……………… 50□

R558 大阪ドームと難波橋欄干の獅子(♂)

C2296f　きつねがひろったイソップものがたり(♂)

2002.7.1.　第85回ライオンズクラブ国際大会
R558　80Yen ……………………………………… 120□

2016.11.25.　童画のノスタルジーシリーズ第4集
C2296f　82Yen …………………………………… 120□

C2188d　ライオン（幼獣）

ライオンは幼獣の間だけ斑模様を持つ。全身に濃いヒョウ柄が出る個体もいれば、頭や四肢だけに薄く出る個体までさまざま。野生では一色だけでは目立つため、保護色になる。

2014.9.19.　ほっとする動物シリーズ第2集（82円）
C2188d　82Yen …………………………………… 120□

C2162e ライオン(♂)

2013.12.12. 日ケニア外交関係樹立50周年
C2162e　80Yen …………………………………… 120□

C2371j　ライオン(♂)

2018.7.27. 動物シリーズ第1集（82円）
C2371j　82Yen …………………………………… ―□

キャラクターになった人気のライオン

ライオンのオスは体重は150キログラムを超える大型のネコ科で、その豊かなたてがみと堂々とした風貌により、古くから「百獣の王」と呼ばれている。そのイメージから、強さ、勇敢さ、王、勝者などの象徴として、様々なシンボルマークやキャラクターとなっている。

1979.7.27.　第50回都市対抗野球大会記念
C821　50Yen ……………………………………… 80□

1999.10.22.　日本プロ野球セパ誕生50周年
C1750c　80Yen …………………………………… 150□

1997.1.28.　戦後50年メモリアルシリーズ第5集
C1556　80Yen …………………………………… 120□

2000.8.23.　20世紀シリーズ第13集
C1739b　50Yen …………………………………… 80□

C821　黒獅子(♂)を描くボールと選手

C1750c　レオ（西武）(♂)

C1739b ひょっこりひょうたん島(2)(♂)

C1556　手塚治虫とキャラクター（右下「ジャングル大帝レオ」(♂)幼獣）

哺乳類

哺乳類

【ジャガー　Panthera onca】

C1588
メキシコの
神話（毛皮）

1997.5.12.　メキシコ移住100周年
C1588　80Yen……………150□

【ユキヒョウ　Uncia uncia】

寒冷地に適応しふさふさの毛を持つ。岩場や尾根を好む。断崖を歩く草食獣にも、近くの岩棚から果敢に飛び降りて狩りをする。

C2203d ユキヒョウ（幼獣）
2015.1.23.　ほっとする動物シリーズ第3集（82円）
C2203d　82Yen……………120□

【トラ　Panthera tigris】

我が国では古くは古墳時代の546年にトラの皮の記述があり、寺の遺物として頭骨や手のミイラなども伝わっている。桃山時代に書かれた祇園祭りの山鉾に毛皮が飾られていることから、庶民もトラを知っていたと思われる。

C599　龍虎図屏風・虎
1971.11.1.
政府印刷事業100年
C599　15Yen……………50□

R781c 三社大祭

C1770　龍虎図・虎
2000.4.20.　切手趣味週間（2000年）
C1770　80Yen……………120□
2010.11.15.
地方自治法施行60周年記念シリーズ　青森県
R781c　80Yen……………120□

……鎧の装飾は…ネコじゃありません！……

国宝「春日大社赤糸威大鎧（あかいとおどしおおよろい）」の大袖（おおそで）と呼ばれる部分には、竹林に座す虎の金物装飾が付いている。竹と虎は取り合わせの良いものの例えで、中国や日本の絵画でも、虎の勇猛さを強調する意味合いで竹とともに描かれることが多い。

切手では一見ネコっぽいが、実物ではトラの装飾。

C496　春日大社赤糸威鎧
1968.9.2.　第1次国宝シリーズ第4集
C496　50Yen……………200□

（上）C2073a　龍虎図屏風
（下）C2073d　虎

2010.4.20.
切手趣味週間
C2073a,d 各80Yen
……………120□

（上）C2257d
上杉本洛中洛外図屏風
（毛皮：左下の函谷鉾）

（下）C2257h
上杉本洛中洛外図屏風
（毛皮：右の鶏鉾の屋根）

2016.4.20.　切手趣味週間
C2257d,h 各82Yen……………120□

※C2257dについては、トラの意匠の織物（タピストリー）との説もある。

C2046h
熊谷家住宅

2008.10.23. 第3次世界遺産シリーズ第4集（石見銀山）
C2046h　80Yen……………………120□

【ベンガルトラ　*Panthera tigris bengalensis*】

南アジアに分布する亜種で、たいていは単独行動をとる。巨体にも関わらず、草地でも足音が一切しない。獲物の近くまで忍び寄り、最後の5mほどは一気に跳躍して仕留める。

2007.5.23. 2007年日印交流年
C2018c　80Yen……………………120□

C2018c　ベンガルトラ

【アムールトラ　*Panthera tigris altaica*】

シベリアからアムール河流域の針葉樹林に住む最大のトラ。アムールトラの生息する森は伐採禁止だが、第3国を経由して出所をわからなくした木材が日本に輸入されている。

C2149a　アムールトラ（幼獣）

2013.9.20. ほっとする動物シリーズ第1集（82円）
C2149a　80Yen……………………150□

イヌ科　Canidae

科名はラテン語のcanis（犬）から。イヌ科動物は指の間と足の裏にしか汗腺がないため、ほぼ汗をかかない。単独行動が基本のネコ科と違い、群れで生活するのが原則。嗅覚に優れる。

【ニホンオオカミ　*Canis lupus hodophilax*】

ヤギなどを飼わない日本では、農業害獣のシカを食べてくれる益獣としてオオカミは大口真神（おおくちのまがみ、おおぐちまかみ）として大切にされていた。20世紀初頭に絶滅したとされるが、その理由のひとつとして、

オオカミは群れで弱った個体を世話するので、開国で海外から狂犬病やジステンパーといった免疫のない伝染病が入り、ニホンオオカミの中で感染が拡大したことが考えられる。

C1728f
ニホンオオカミ絶滅

1999.9.22. 20世紀シリーズ第2集
C1728f　80Yen……………………120□

【シンリンオオカミ　*Canis lupus lycaon*】

オオカミの亜種で北米に分布する。雄で35kg、雌は27kgと、ユーラシアやアラスカに分布する他亜種のオオカミより小さい。また、コヨテ（*Canis latrans*）と雑種を作り、純粋なシンリンオオカミは減っている。

C2149b　シンリンオオカミ（幼獣）

2013.9.20. ほっとする動物シリーズ第1集（82円）
C2149b　80Yen……………………150□

【タヌキ　*Nyctereutes procyonoides*】

決まった場所に糞をする「ため糞」を行う。雑食性で、市街地でもU字溝などを巣穴に生息する。オスはメスに餌を運び子の世話をよくするイクメンである。以前は極東だけに分布する珍しい動物として海外の動物園に贈ると喜ばれたが、今は外来種として欧州へ侵入している。

G53c
冬の帽子

2011.11.10. 冬のグリーティング（2011年 ピンク）
G53c　90Yen……………………140□

G143e
たぬき

2016.10.3. 秋のグリーティング
（2016年 82円）
G143e　82Yen……………………120□

【ホッキョクギツネ　*Vulpes lagopus*】

毛色は2パターンあり、冬純白の個体は夏に灰茶色になる。冬に青い個体は夏に濃い茶となる。主食は小型齧歯類のレミング類（*Lagurus* sp.）で、鳥や卵、人間の生ごみまで食べる。

C2061c　ホッキョクギツネ

2009.6.30. 南極・北極の極地保護
C2061c　80Yen……………………120□

哺乳類

哺乳類

【アカギツネ　*Vulpes vulpes*】
vulpes はラテン語でキツネ。北半球に広く分布する種で、北海道に亜種キタキツネ（*Vulpes vulpes schrencki*）、本州に亜種ホンドギツネ（*Vulpes vulpes japonica*）が生息。足先が黒いのがキタキツネ。

C2296f
きつねが
ひろったイソップものがたり
2016.11.25.　童画のノスタルジーシリーズ第4集
C2296f　82Yen ················ 120☐

G53c
冬の帽子
2011.11.10.　冬のグリーティング（2011年 ピンク）
G53c　90Yen ················ 140☐

C1993j　キツネ
2005.7.22.　ふみの日（2005年 80円）
C1993j　80Yen ················ 120☐

【ホンドギツネ　*Vulpes vulpes japonica*】
1990.10.5.　国際文通週間（1990年）
C1312　80Yen ················ 120☐
1990.10.5.　国際文通週間（1990年）
C1313　120Yen ················ 190☐
※いずれも題材は「鳥獣人物戯画」。11㌻コラム参照。

【キタキツネ　*Vulpes vulpes schrenckii*】
扁形動物のエキノコックスという寄生虫を持つことがある。ヒトもキツネに触った手で食事したり、糞で汚染された山菜・沢水を飲むと感染する。食事前に手洗いすることと、北海道では山菜は充分加熱し、生水を飲まないことで予防できる。

R119　キタキツネ
1992.5.29.　キタキツネ
R119　62Yen ················ 100☐
［同図案▶R317 80Yen］

R680a　キタキツネ　　C2038j　キタキツネ
2006.7.3.　北の動物たち
R680a　50Yen ················ 80☐
2008.7.7.　北海道洞爺湖サミット記念
C2038j　80Yen ················ 120☐

707　キタキツネ　　G142a　きつね　　C2358a　キタキツネ
［同図案▶724］
2015.2.2.　平成切手・2014年シリーズ
707　30Yen ················ —
2016.10.3.　秋のグリーティング（2016年、52円）
G142a　52Yen ················ 100☐
2018.4.11.　天然記念物シリーズ第3集
C2358a　82Yen ················ 120☐

【フェネック　*Vulpes zerda*】
最小のキツネ。砂漠に住み、大きな耳は熱を発散させるためのもの。足裏にはやけど防止に毛が生えている。雑食で柔らかい地面に数メートルの巣穴を堀り、熱さ寒さを避ける。毛皮やペットにするために捕獲されている。

C2188e　フェネック（幼獣）
2014.9.19.　ほっとする動物シリーズ第2集（82円）
C2188e　82Yen ················ 120☐

クマ科　Urusidae

科名はラテン語のursus（クマ）から。陸上で最大の肉食動物はコディアックヒグマ（*Ursus arctos middendorffi*）やホッキョクグマである。その体重を保つため雑食性。足裏全面をつけて歩く。

▲アラスカ半島沿岸部やコディアック島近辺の島々に生息する「コディアックヒグマ」。ヒグマの最大亜種で、アラスカビグマとも呼ばれる。日本切手の題材にはなっていない。

［写真提供：Yathin S Krishnappa］

【ジャイアントパンダ　*Ailuropoda melanoleuca*】

生息地の竹林が伐採、分断化されて絶滅の危機にある。指は5本とも同方向に屈曲するため、手首の親指側に6本目（撓側手根骨／とうそくしゅこんこつ）、小指側に7本目（副手根骨）の偽の指があり、これらと指で笹をはさむ。

C2371b　パンダ1　　　　　　　　　C2371c パンダ2

2018.7.27.　動物シリーズ第1集（82円）
C2371b,c　各82Yen ······························ —□

（左）C920 パンダとゾウ
（右）C1236 パンダ

1982.3.20.　動物園100年
C920　60Yen ······································ 100□

1988.8.12.　日中平和友好条約締結10周年
C1236　60Yen ···································· 100□

【ヒグマ　*Ursus arctos*】

学名はラテン語のursus（熊）とギリシャ語のarktos（熊）で「クマのクマ」という意味。最も広く分布するクマで亜種が多い。北米にはグリズリーと呼ばれる本種の亜種とアメリカクロクマ（*Ursus americanus*）がいる。

（左）C1740c ジャイアントパンダ初来日
（右）R452 パンダ（コウコウ・タンタン）

2000.9.22.　20世紀シリーズ第14集
C1740c　80Yen ·································· 120□

2001.1.17.　KOBE 2001 ひと・まち・みらい
R452　50Yen ······································ 80□

G53c 冬の帽子

2011.11.10.　冬のグリーティング（2011年 ピンク）
G53c　90Yen ······································ 140□

2016.10.3.　秋のグリーティング（2016年 82円）
G143a　82Yen ···································· 120□

G143a　くま（ヒグマ）

【エゾヒグマ　*Ursus arctos yesoensis*】

雑食性で、フキやドングリなどの植物、シカの死体、魚の死体、木の実、昆虫やザリガニ等何でも食べる。食料の7割は植物質。知床の個体は遡上したサケを食べ、糞をすることで森にミネラルを還元している。

（左）R812a リーリー
（右）R812b シンシン

2012.4.23.　旅の風景シリーズ第15集（上野・浅草）
R812a,b　各80Yen ······························ 120□

（左）R680b エゾヒグマ（上：♀、下：幼獣）
（右）C2006f ヒグマ

2006.7.3.　北の動物たち
R680b　50Yen ···································· 80□

2007.7.6.　第3次世界遺産シリーズ第3集（知床）
C2006f　80Yen ·································· 120□

C2188b ジャイアントパンダ（左：幼獣、右：成獣）

2014.9.28.　ほっとする動物シリーズ第2集（82円）
C2188b　82Yen ·································· 120□

哺乳類

哺乳類

【ホッキョクグマ　*Ursus maritimus*】
厚い氷を叩き割り、餌のアザラシが息継ぎする穴を作り待つ。白い毛で覆われるも地肌は太陽熱を吸収する黒。北極の氷が多く溶けた年はアザラシが捕れず、痩せたメスは受精卵を着床させないので翌年子グマが激減する。

C2061a　ホッキョクグマ
　　　　（左2頭：幼獣、右：成獣♀）
2009.6.30.　南極・北極の極地保護
C2061a　80Yen……………120□

　　　　　　　　　　　　G118h　しろくま
C2149d　ホッキョクグマ（幼獣）
2013.9.20.　ほっとする動物シリーズ第1集（82円）
C2149d　80Yen………………………150□
2015.12.11.　冬のグリーティング（2015年 82円）
G118h　82Yen………………………120□

イタチ科　Mustelidae

科名はラテン語のmustela（イタチ）から。頭骨と体は細長く四肢が短いため、驚くほど細い隙間を通れる。知能が高く手先も器用で簡単な扉止めはあけてしまう。動物園の脱走名人。

【ラッコ　*Enhydra lutris*】
お腹に石を置き、手にもった貝やカニを打ちつけて割る。気に行った石は脇の皮膚のたるみに入れておく。

水族館では石でガラスやパイプを割るため、石は持たせない。仕方なく貝を石代りにしたり、餌をコンクリートに叩きつけて割って食べる。それでもどこからか硬いかけらや部品を手に入れ、せっせと水槽を削って破壊する。

R670b　ラッコ
2005.8.22.　最北の自然・北海道
R670b　80Yen………………………120□

【ラッコの1種　*Enhydra sp.*】
C2371i　ラッコ
2018.7.27.　動物シリーズ第1集（82円）
C2371i　82Yen………………………120□

【ニホンカワウソ　*Lutra lutra nippon*（亜種名変更 旧: *whiteleyi*）】
ユーラシアカワウソ（*Lutra lutra*）の日本固有亜種。切手に書かれた亜種名 *whiteley* は、現在では北海道の亜種を指し、本土の亜種名は *nippon* となっている。1979年以来目撃例がなく、国内では絶滅したが（2012年に絶滅種に指定）、近年対馬にユーラシアカワウソが侵入している。

1974.6.25.　自然保護シリーズ（第1集、哺乳類）
C655　20Yen…………40□
C655　ニホンカワウソ

【エゾクロテン　*Martes zibellina brachyura*】
クロテンは上質な毛皮が取れるので、古くから国際的に交易品として輸出入されていた。源氏物語の末摘花が大切に受け継いでいた「黒貂の皮衣」も、渤海あたりからの輸入品であろう。夏はクロテンの名の通り、全身が黒っぽい茶褐色になる。

（左）R459
エゾクロテン
（冬毛）
[同図案]▶
R707b 80Yen
（右）R802i
エゾクロテン
（冬毛）

2001.2.6.　エゾクロテン
R459　80Yen………………………120□
2011.9.9.　旅の風景シリーズ第13集（北海道）
R802i　80Yen………………………120□

2013.5.23.
自然との共生シリーズ第3集
C2138a　80Yen…………120□
C2138a　エゾクロテン（冬毛）

……白くてもクロテン……
切手では冬毛しか描かれていないが、夏毛を見れば黒褐色で、一目瞭然である。これが保護色となり、森にいても全く周囲に溶け込んでしまう。

【テン　*Martes melampus*】
1990.10.5.　国際文通週間（1990年）
C1313　120Yen………………………190□
※題材は「鳥獣人物戯画」。11頁コラム参照。

【エゾオコジョ　*Mustela erminea orientalis*】
本州に生息するホンドオコジョ *M. erminea nippon* より大きい。イタチ科の例に漏れず、自分より大きなウサギなども狩る。

R208　エゾオコジョ（夏毛）
1997.5.30.　エゾオコジョ
R208　50Yen………………………80□

【オコジョ　*Mustela erminea*】
北米からユーラシアまで北半球北部に広く分布する小柄なイタチで、ネズミ、鳥、時には自分より大型のウサギなども狩る。夏毛は、腹部だけが白いが、冬になると茶色の部分も白に変わる。ただし尾の先端は常に黒い。

（左）R829h
　　　オコジョ（夏毛）

（右）C2315j
　　　オコジョ（夏毛）

2013.4.16.　旅の風景シリーズ第17集（立山黒部）
R829h　　80Yen ………………………………… 120□
2017.4.28.　天然記念物シリーズ第2集
C2315j　　82Yen ………………………………… 120□

アライグマ科　Procyonidae
科名はギリシャ語でpro（前の）＋kuon（犬）で、アライグマを原始的な犬と誤解したもの。この科の動物は停止時に後足をかかとまで地に着けており、二本足で安定して直立できる。

【アライグマ　*Procyon lotor*】
北米が原産のアライグマはアニメの影響で年間5,000頭も輸入されたが、大半が捨てられ野生化したと思われる。現在は輸入も飼育も禁止だが、全都道府県の野外で確認されている。

C1989a-j
あらいぐまラスカル
（C1989eは幼獣）

※「あらいぐまラスカル」はキャラクター図案ではあるが、日本切手では他にアライグマを描いた切手がないことから、例外としてシートを掲載する。切手シートは原寸の40％

2012.10.23.
アニメ・ヒーロー・ヒロインシリーズ第18集
C1989　　800Yenシート ……………………… 1,600□

レッサーパンダ科　Ailuridae
はじめはパンダと言えば本種を指したが、ジャイアントパンダ発見後、区別のためこちらをレッサーパンダと呼ぶようになった。熱心なファンが多い動物園の動物の一つ。

【シセンレッサーパンダ　*Ailurus fulgens styani*】
本亜種とネパールレッサーパンダ（*Ailurus fulgens fulgens*　別名 ニシレッサーパンダ）の2亜種があり、後者はやや小柄で色が薄い。ただし、シセンレッサーパンダも高齢個体ではかなり毛色が薄くなる。

C2203a　レッサーパンダ

2015.1.23.　ほっとする動物シリーズ第3集（82円）
C2203a　　82Yen ………………………………… 120□

アシカ科　Otariidae
科名はギリシャ語ōtos（耳）→otarion「小さな耳」の意で、耳にある蓋が、小さな耳たぶに見えるから。アシカの語源は「葦鹿」で「アシの生えるところにいるシカ」が有力。前足で体を持ち上げ、後足首から先を曲げて歩行可能。

【カリフォルニアアシカ　*Zalophus californianus*】

C2203e　カリフォルニア
アシカ（左：幼獣、右：成獣♀）

2015.1.23.　ほっとする動物シリーズ第3集（82円）
C2203e　　82Yen ………………………………… 120□

アザラシ科　Phocidae
科名はギリシャ語のphoca（アザラシ）から。耳介はない。後足は前方に曲がらないので歩くことはできず、体をくねらせ這う。1868年に発行された、ニューファンドランド切手のエラーは有名（次のコラム参照）。

【ウエッデルアザラシ　*Leptonychotes weddellii*】

C2061b
ウェッデル
アザラシ

C2015d
ウェッデルアザラシ

2007.1.23.　南極地域観測事業開始50周年（シール式）
C2015d　　80Yen ………………………………… 180□
2009.6.30.　南極・北極の極地保護
C2061b　　80Yen ………………………………… 120□

哺乳類

哺乳類

【ゴマフアザラシ　*Phoca largha*】
幼獣が真っ白なのは、生後数日だけで、氷上で暮らす間の保護色となっている。換毛が始まると容赦ない水泳と狩りの訓練が始まり、母は子を何度も海中に突き落とし鍛える。

R134　ゴマフアザラシ
　　　(奥：成獣♀、手前：幼獣)
1993.5.17.　ゴマフアザラシ
R134　62Yen ……………… 100□
[同図案 ▶ R318 80Yen
　　　　　 R707a 80Yen]

R693e　ゴマフアザラシ
　　　　(奥：成獣♀、手前：幼獣)
2007.5.1.　北の動物たちⅡ
R693e　80Yen ……………… 120□

(左) C2006g
ゴマフアザラシ
(幼獣)
(右) C2086b
ゴマフアザラシ
(幼獣)

2007.7.6.　第3次世界遺産シリーズ第3集(知床)
C2006g　80Yen ……………… 120□
2010.10.18.　生物多様性条約第10回締約国会議記念
C2086b　80Yen ……………… 120□

2014.9.19.
ほっとする動物
シリーズ第2集
(52円)
C2187b　52Yen
　　　　　　　　　　　　…… 80□
C2187b
ゴマフアザラシ(左：
幼獣、右：成獣♀)
R793a
ゴマフアザラシ
2011.5.30.　旅の風景シリーズ第12集(北海道)
R793a　80Yen ……………… 120□

………　海獣類のミルク　………
アザラシやアシカの海獣類は、生後早く太って泳げるよう、母乳に多量の脂肪分が含まれる。筆者は大阪市天王寺動物園に勤務していたとき、顎を骨折したアシカの幼獣を手術し、人工保育のミルクを用意した経験がある。多量のバターを犬用ミルクに溶かし、毎日アシカミルクを作るのだが、動物病院中にバターが匂って参った。

――― アザラシの有名なエラー切手 ―――
左下の切手(ニューファンドランド発行)は、アザラシの前足が不自然ということでエラー切手とされ、後に右の切手に修正されたが、全くの誤りなのだろうか？まず、アザラシは前足を前につくこともある。C2006gでは前に手をついている。左の切手は前足が平たくないが、幼獣なら胴部とのバランスで厚めに見える(目の大きさも幼獣っぽい)。爪があるのは問題ない(C2086bに爪5本あり)。修正後の右の切手では首の角度が変わりヒゲが減っている(更に模様まで変わっている！)。

▲1868年発行　　　　▲1880年発行
▶修正前　　　　　　▶修正後

【アザラシの1種　*Phocidae sp.*】
2018.7.27.
動物シリーズ第1集 (82円)
C2371g　82Yen ……………… -□
C2371g　アザラシ

――― ウマ目(奇蹄目)　Perissodactyla ―――
科名はギリシャ語のperissos(奇数の)＋daktulos(指)の意。前足指が4本あるバク科を除き、指の数は奇数である。体重軸が最も発達した第3指の上をとおる。偶蹄類に比べ斜陽中のグループ。

ウマ科　Equidae
蹄(ひづめ)は、皮膚と蹄の境目にある蹄葉という組織から作られ、爪と同質のものである。蹄葉には血管と神経が豊富で、地面の様子を鋭敏にとらえ、夜間でも移動や逃走を可能する。

【メリキップス　*Merychippus sp.*】
中新世に北米にいた3本指のウマ。第2指と第4指は短くなっている。切手には下から見上げた全身骨格模型が写っている。この骨格は設計ではメリキップスと書かれているが、蹄が鉤爪になっているなど誤りが多い。ザウロポダと書いている書籍もあるがSauropodaは恐竜のなかの竜脚下目を指し、もっと長い首でなくてはならない。

R867c
太陽の塔
(全身骨格)
2015.10.6.　地方自治法施行
60周年記念シリーズ 大阪府
R867c　82Yen ……………… 150□

【サバンナシマウマ　*Equus burchellii*】

シマウマにはヤマシマウマ（*Equus zebra*）、サバンナシマウマ、グレビーシマウマ（*Equus grevyi*）の3種があり、それぞれに亜種がある。動物園では亜種名で表示されていることが多い。

C921　キリンとシマウマ
1982.3.20.　動物園100年
C921　60Yen ······························· 100□

【グラントシマウマ　*Equus burchellii boehmii*】

蹄まで縞があり、縞の間にうっすらと影縞のあるケニアの亜種はグラントシマウマである。切手の原画写真を提供した動物写真家の内山晟（うちやま あきら）氏は、大阪市天王寺動物園の動物写真講座の講師も務めた。

C2162a　キリン
2013.12.12.　日ケニア外交関係樹立50周年
C2162a　80Yen ···························· 120□

【シマウマの1種　*Equus sp.*】

（左）C2162d　シマウマ
（右）C2370h　シマウマ

2013.12.12.　日ケニア外交関係樹立50周年
C2162d　80Yen ···························· 120□
2018.7.27.　動物シリーズ第1集（62円）
C2370h　62Yen ···························· —□

バク科　Tapiridae

科名はアマゾンの先住民語tapura（バク）にちなむ。群れより単独行動を好み、木に尿を高く飛ばしマーキングする。メスはオスより大型で、幼児期はうり坊に似たまだら縞模様がある。

【アメリカバク　*Tapirus terrestris*】

C2187c　ブラジルバク
　　　　（アメリカバクの別名）（幼獣）
2014.9.19.　ほっとする動物シリーズ
　　　　　　第2集（52円）
C2187c　52Yen ···························· 80□

学名とラテン語

動物の正式名は、"学名"ただ一つである。誤解されがちだが、図鑑などに記されている"標準和名"は正式名ではない。
学名は博物学者のカール・フォン・リンネ（1707〜1778年）が体系化したシステムで、属名と種名（と亜種名）の組み合わせで、その種が属する分類群がわかる仕組み。学名は、古代言語であり、すでに"死語"ゆえに意味に変化のないラテン語を用いる。例えば、毒のある魚に、食べないように「*yabaii*」と種名をつけたとする。しかし、本来は不具合や危険を示す「やばい」に、近年「美味しい」の意が加わった。100年後には危険の意味が消えて、美味しい魚と思われるかも…。だから学名には「死語」であるラテン語、なのである。

サイ科　Rhinocerotidae

科名はギリシャ語rhinos（鼻の）＋keras（角）で、今なお角が目的の密猟が絶えない。角の正体は爪や毛と同じ角質繊維の集まったもの。誕生時にはなく年々伸び、折れてもまた生える。

【クロサイ　*Diceros bicornis*】

C2202c　クロサイ（幼獣）
2015.1.23.　ほっとする動物シリーズ
　　　　　　第3集（52円）
C2202c　52Yen ···························· 80□

コウモリ目（翼手目）　Chiroptera

小型の種では眼が退化して小さく、超音波を発し、その反射音から障がい物や餌の昆虫を認識している。陸生哺乳類の中では例外的に、飛ぶことで離島にも分布を拡げられる。

オオコウモリ科　Pteropodida

科名はpteron（翼）＋podos（足の）にちなむ。オオコウモリ科は、一部の種を除き超音波を出さず、眼は大きい。主食は果実で、視力と嗅覚で探す。臼歯の噛む面が平たく、果実をつぶして果汁だけ啜り、固形物は吐き出す。

【オガサワラオオコウモリ　*Pteropus pselaphon*】

台風等で果実が欠乏する島生活に適応してか、本種では食物中に占める葉の割合が高い。本来は夜行性だが、餌の乏しい南硫黄島の個体群は日中も餌を探して飛び回る。

C657　オガサワラオオコウモリ
1974.11.15.　自然保護シリーズ（第1集、哺乳類）
C657　20Yen ······························· 40□

ペット・脊索動物門・哺乳綱

切手の図案に採用されるなど、日本で愛玩用として認知されている哺乳類の動物類をペットの項に採録した。ただし、特定（危険）動物及び特定外来生物に指定された飼育禁止（要許可）の種はペットに含めず、野生動物の項に採録した。

カンガルー目　Diprotodontia

下顎門歯が2本で、別名を双前歯目（そうぜんしもく）という。有袋類以外の哺乳類では、門歯が原則上下各4本に対し、有袋類では6本や10本の門歯を持つ種もいるため。なお、有袋類は大臼歯を16本持つのが特徴。

フクロモモンガ科　Peturidae

齧歯目リス科のムササビやモモンガにそっくりなグループ。これは収斂進化（しゅうれんしんか）といい、別々の系統から進化した動物が同じ環境に適応した結果、身体的特徴が似通ったもの。

【フクロモモンガ　*Petaurus breviceps*】

前足の小指の先から後脚の親指まで飛膜があり、木から木へ滑空する。Sugar glider の英名どおり、蜜や樹液、昆虫を好む。ペットとして人気があるが、夜行性のため昼は寝ている。

C2294b　フクロモモンガ

2016.11.11.　身近な動物シリーズ第3集（52円）
C2294b　52Yen ··· 80□

ウサギ目　Lagomorpha

ウサギ目は交尾の刺激で排卵するため、出産直後でも妊娠できる。妊娠期間も最短の種では26日と短く、年6回繁殖する種もある。高い繁殖能力は、家畜化する上で大きな利点となる。

ウサギ科　Leporidae

アナウサギを家畜化したカイウサギには、ペットとして飼われる愛玩用のほかにも、毛皮用種、肉用種と様々な品種がある。例えば日本白色種は、白色の短毛種で毛皮用・肉用。

【カイウサギ　*Oryctolagus cuniculus*】

日本では、江戸時代には既に舶来品として飼われていた。日本には本来アナウサギ類は分布しないが、逃げたカイウサギが野生化している。こうしたカイウサギの野生化は世界中で見られる。

C1082　少女と手紙

C1701a　うさぎと少女

1986.7.23.　ふみの日（1986年 60円）
C1082　60Yen ··· 100□

1998.12.15.　新年賀切手発行50年
C1701a　50Yen ··· 80□

［同図案▶N6、N6A］

1998.3.13.　グリーティング切手
（1998年）
G4e　80Yen ············· 120□
G4e　ウサギ

G5d　ウサギ（茶色）

G5e
ウサギ（灰色）

1999.3.23.
グリーティング切手
（1999年）
G5d,e　各80Yen ···· 120□

C1709-
1710
兎春野に
遊ぶ
(1)(2)

1999.4.20.　切手趣味週間（1999年）
C1709-1710　各80Yen ··· 120□

C1952j
ウサギ

C1993e
ウサギ

2004.7.23.　　　　　　　2005.7.22.
ふみの日（2004年 80円）　ふみの日（2005年 80円）
C1952j　80Yen ·· 120□　C1993e　80Yen ·· 120□

2010.1.25.　春のグリーティング
（2010年 フラワー）
G37e　80Yen ············· 120□

G37e　うさぎの丘

2011.11.10. 冬のグリーティング
（2011年 ピンク）
G53e　90Yen……………… 140□

G53e　窓の外

（左）G183a　うさぎ1
（右）G183e　うさぎ2
2017.12.1.
冬のグリーティング
（2017年 82円）
G183 a,e
各82Yen ……… 120□

（左）C2294a
ネザーランド
ドワーフ（幼獣）

（右）C2295c
ロップイヤーラビ
ット（ロップイヤ
ード）

2016.11.11.　身近な動物シリーズ第3集（52円）
C2294a　52Yen……………………………… 80□
2016.11.11.　身近な動物シリーズ第3集（82円）
C2295c　82Yen……………………………… 120□

ネズミ目（齧歯目 げっしるい）Rodentia

南米は齧歯類の宝庫で、モルモットを始め様々な齧歯類が家畜化されており、チンチラやデグー（Octodon degus）など、日本でペットとして飼われる南米産齧歯類も増えた。

リス科　Sciuridae

リス科には樹上で原則単独生活するグループとは別に、地上で巣穴を掘って生活するものがあり、家族やコロニーで集団生活する。一部は頬の内部に頬袋を持つ。

【オグロプレーリードッグ　*Cynomys ludovicianus ludovicianus*】
北米の草原 Prairie（プレーリー）に住み、敵の種別に様々な警戒音で鳴く声が、犬に似る。野兎病（やとびょう）やペストの媒介防止のため輸入禁止となり、価格が高騰して動物園から盗まれる事件も起きた。

2013.9.20.
ほっとする動物シリーズ第1集（50円）
C2148c　50Yen……………………… 100□

C2148c　オグロプレーリードッグ

【シマリス *Tamias sibiricus*】北海道にはエゾシマリス（*Tamias sibiricus lineatus*）が自然分布する。本州ではペット用に輸入された亜種チョウセンシマリス（*Tamias sibiricus barberi*）が逃げたり、捨てられて定着し、外来生物となっている地域もある。

C528　シマリスと標語
703　シマリス
C2294d　シマリス

1968.12.14.　貯蓄増強宣伝
C528　15Yen ……………………………… 60□
2015.2.2.　平成切手・2014年シリーズ
703　3Yen ………………………………… —□
2016.11.11.　身近な動物シリーズ第3集（52円）
C2294d　52Yen……………………………… 80□

C2370d　シマリス
G201a　リスとキノコ

2018.7.27.　動物シリーズ第1集（62円）
C2370d　62Yen……………………………… —□
2018.8.23.　秋のグリーティング（2018年、82円）
G201a　82Yen……………………………… —□

キヌゲネズミ科　Cricetidae

科名はイタリア語の"criceto（ハムスター）"に由来（諸説あり）。700弱の種を含む哺乳類で最大の科。オセアニアを除く世界中に分布する。頬袋に餌を貯め、巣に持ち帰る。

【ゴールデンハムスター（品種名：キンクマハムスター）
Mesocricetus auratus】

属名はギリシャ語の mesos（中間）＋前記の cricetus（ハムスター）で、大柄のクロハラハムスター属と小型のモンゴルキヌゲネズミ属の中間の大きさであるから。種名の auratus はギリシャ語で黄金の、の意。

C2294c　キンクマハムスター（品種名）
2016.11.11.　身近な動物シリーズ第3集（52円）
C2294c　52Yen……………………………… 80□

【ヒメキヌゲネズミ（ジャンガリアンハムスター）
Phodopus sungorus】

小柄なドワーフハムスター類の1種。属名はギリシャ語の phōs（胼胝／たこ）＋pous（足）で、肉球が胼胝のように見えるから。sungorus は中国のジュンガル盆地（英名のDzungarian／ジャンガリアンの語源）に由来。

C2295b　ジャンガリアンハムスター
2016.11.11.　身近な動物シリーズ第3集（82円）
C2295b　82Yen……………………………… 120□

哺乳類

33

哺乳類

チンチラ科　Chinchillidae
南米に生息する科。Chinchilla（チンチラ）はスペイン語だが、インディオのケチュア語に由来すると思われる。科名はChinchillaに動物界の科であることを示す接尾語 -idae がついたもの。

【チンチラ　*Chinchilla lanigera*】

チンチラは全動物中で最上の毛皮が取れる動物。現在は家畜化され、養殖されているものの、以前は盛んに野生個体が捕獲されて輸出されており、多くの地方で野生種は絶滅の危機にある。

C2295e　チンチラ

2016.11.11.　身近な動物シリーズ第3集（82円）
C2295e　82Yen················120□

テンジクネズミ科　Caviidae
実験動物・ペットとしてなじみの深いモルモットはテンジクネズミ属の家畜。テンジクネズミ属の野生種の肉はクイと呼ばれ、アンデス地方の重要なタンパク源である。

【モルモット（別名テンジクネズミ）　*Cavia porcellus*】

南米にスペインが到達した1530年代にはすでに食用に飼育されており、原種となった野生種は未解明。ヨーロッパにいるリス科のマーモット（Marmota）属（下図参照）と混同され、誤ってモルモットと呼ばれるようになった。

C2294e　モルモット

2016.11.11.
身近な動物シリーズ第3集（52円）
C2294e　52Yen················80□

【参考】アルプスマーモット　*Marmota marmota*
スイス・児童福祉シリーズ（1965年発行）。原寸の50%。

ハリネズミ目　Erinaceomorpha
目名のラテン語を直訳するとハリネズミ形目となるが、本書では、その目を代表する動物種の名を目名に使うルール（例：食肉目→ネコ目）を採用し、別名を（　）内に記した。

ハリネズミ科　Erinaceidae
ハリネズミ科のうちハリネズミ属の種は、特定外来生物に指定され飼育も販売も禁止。アフリカハリネズミ属のヨツユビハリネズミは飼育可能で、後足指が4本しかないのが特徴。

【ヨツユビハリネズミ　*Atelerix albiventris*】

別名ピグミーヘッジホッグ。人慣れするまでは警戒して針を逆立てるため、手袋をして飼育する必要があるが、慣れれば素手でも針を立てなくなる。腹面には針がなく、弱点。

C2295a　ハリネズミ（左：成獣、右：幼獣）

2016.11.11.　身近な動物シリーズ第3集（82円）
C2295a　82Yen················120□

【ハリネズミの1種　Erinaceidae sp.】

2018.7.27.
動物シリーズ第1集（62円）
C2370c　62Yen················—□
C2370c　ハリネズミ

ネコ目（食肉目）　Carnivora
前後左右に動くヒトの顎関節と異なり、顎関節は蝶番（ちょうつがい）状で、洗濯ばさみのように顎を開閉することしかできない。噛み砕く力、噛みついて離さない力に特化した顎である。クマ類やラッコを除き、肛門嚢（こうもんのう／肛門の周りにあるにおい袋）を持つのが特徴。

ネコ科　Felidae
ペット化されたのはイエネコのみだが、イエネコを野生種のベンガルヤマネコ（*Prionailurus bengalensis*）やサーバルキャット（*Leptailurus serval*）と交配させ、その特徴を定着させた品種もある。

【イエネコ　*Felis catus*】
（品種が報道発表されている、または推定が可能な図案）

イエネコの模様はトラのような横縞（頭尾方向を輪切りする縞）の虎毛と、腹側に大きな輪があるタビーが基本である。また、野生のネコ属にある耳背面の虎耳状斑を持たない。本書では品種名の50音順に配置した。

【アビシニアン】

アビシニアンはイエネコで最も古い品種の一つとされ、古代エジプトの壁画のネコに似る。19世紀のエチオピア（アビシニア）戦争後にヨーロッパに持ち込まれたと言われる。

C2258d　アビシニアン（幼獣）

2016.4.22.　身近な動物シリーズ第2集（52円）
C2258d　52Yen················80□

【アメリカンカール】

耳が外側へ反った比較的新しい品種。アメリカで、反り耳の野良猫が拾われ、1981年にその猫が産んだ子猫も同じ耳を受け継いでいたことから、1983年より品種作出が始まった。

C2258j　アメリカンカール（幼獣）

2016.4.22.　身近な動物シリーズ第2集（52円）
C2258j　52Yen················80□

【アメリカンショートヘア】　日本のサバトラ柄（マッカレルタビー）に似るが、シルバータビーで顕著なように腹部の側面などに渦巻き状のタビー（縞）が入る。また、サバトラより太い縞をもつ。

1999.3.23.
グリーティング切手
（1999年）
G5a　80Yen················120□

G5a ネコ（アメリカンショートヘアー／幼獣）

哺乳類

C1773g イヌとネコ
（右：アメリカンショートヘアー）

C2259a
アメリカン
ショートヘア
（幼獣）

2000.5.19.
日本国際切手展2001
C1773g　80Yen……120□

2016.4.22.
身近な動物シリーズ第2集
（82円）
C2259a　82Yen……120□

【オシキャット】 眼から頬にマスカラ状のラインがある。首の回りと尾には線状の輪があるが、胴部では途切れてスポット模様に変わる。

C2258f
オシキャット（幼獣）

2016.4.22.　身近な動物シリーズ第2集（52円）
C2258f　52Yen……80□

【シャム】 古代エジプトの猫がシャム（現在のタイ）へ運ばれ、アジアの猫と交配し、シャムの王宮で隔離されて確立した品種。シャム王宮で賓客への贈り物とされた青い瞳の高貴な猫。

G63b　くつしたに
ネコ（シャム）（幼獣）

G64d　2階の子供たち
（シャム）（幼獣）

2012.11.9.　冬のグリーティング
（2012年 グリーン）
G63b　50Yen……80□

2012.11.9.　冬のグリーティング
（2012年 レッド）
G64d　80Yen……120□

C2259j
シャム（幼獣）

2016.4.22.
身近な動物シリーズ第2集（82円）
C2259j　82Yen……120□

【シャルトリュー】 かつては美しい毛皮が売買されていた。フランスのグルノーブル近郊の、カルトジオ修道院で古くに作られた品種らしい。

C2259h
シャルトリュー（幼獣）

2016.4.22.　身近な動物シリーズ第2集（82円）
C2259h　82Yen……120□

【シンガプーラ】 シンガポールからアメリカに連れてこられた猫から作出された品種。シンガプーラはシンガポールのマレー語読み。

C2259f　シンガプーラ（幼獣）

2016.4.22.　身近な動物シリーズ第2集（82円）
C2259f　82Yen……120□

【スコティッシュフォールド】 1951年にスコットランドの農家で産まれた耳の折れた猫に始まる品種。生後2〜3週から耳が折れ始める。耳の折れは軟骨異形成によるため、他の骨にも異常が出ることがある。

C2064h　もこ／スコティッシュフォールド

C2258a
スコティッシュ
フォールド（幼獣）

2009.9.18.　動物愛護週間制定60周年記念
C2064h　50+5Yen……100□

2016.4.22.　身近な動物シリーズ第2集（52円）
C2258a　52Yen……80□

【ソマリ】 アビシニアンから作られた長毛種で、アビシニアンとの近い関係を表すために、エチオピア（欧州人はアビシニアと呼んだ）の隣国ソマリアにちなみソマリと名付けられた。

C2259g　ソマリ（幼獣）

2016.4.22.　身近な動物シリーズ第2集（82円）
C2259g　82Yen……120□

【トンキニーズ】 バーミーズとシャムから作られた。両親がトンキニーズなら、トンキニーズ、シャム、バーミーズのどれも産まれうる。

C2258i　トンキニーズ（幼獣）

2016.4.22.　身近な動物シリーズ第2集（52円）
C2258i　52Yen……80□

【ノルウェージャンフォレストキャット】 ノルウェーの森林に群れで住んでいたネコ。運よく見られれば幸運の印と喜ばれた。耳先端のタフト（耳の内側や足の指の内側に見られる、ふさふさの長い毛のこと）は森林性ネコの印。

C2259c
ノルウェージャン
フォレストキャット（幼獣）

2016.4.22.　身近な動物
シリーズ第2集（82円）
C2259c　82Yen……120□

▲カラカル
（*Caracal caracal*）
[写真提供：Eddy Van 3000]

哺乳類

【ヒマラヤン】白色を基本に、体の先端部にだけポイント柄が現れる。これはカイウサギのヒマラヤン色やモルモットのヒマラヤン色と同様に、ヒマラヤン遺伝子のはたらきで発現したもの。

C2259d　ヒマラヤン（幼獣）
2016.4.22.　身近な動物シリーズ第2集 (82円)
C2259d　82Yen ………………………………120□

【ブリティッシュショートヘア】どっしりしたコビータイプ（筋肉質のずんぐりむっくり型）の体型と丸みのある顔が人気の猫。ただし白色に青い目の猫では、耳が聞こえないことが多い。

C2259b　ブリティッシュショートヘア（幼獣）
2016.4.22.　身近な動物シリーズ第2集 (82円)
C2259b　82Yen ………………………………120□

【ペルシャ】長毛種の代表種で、ロングヘアと呼ぶ国もある。様々な色パターンが作られたほか、ヒマラヤンなど他品種も作られた。鼻が低く平たい顔のエクストリームタイプも好まれている。

C2258h　ペルシャ（幼獣）
2016.4.22.　身近な動物シリーズ第2集 (82円)
C2258h　52Yen ………………………………80□

【ベンガル】ヤマネコの血が入っており、脊椎骨が1つ多いため、胴長に見え筋肉質。ロゼッタというヒョウ柄模様が特徴。眼の回りにマスカラと呼ばれるくっきりしたアイラインがある。

C2259e　ベンガル（幼獣）
2016.4.22.　身近な動物シリーズ第2集 (82円)
C2259e　82Yen ………………………………120□

【マンチカン】短い足が特徴で、歩く姿がかわいすぎるネコ。短足でも運動能力に問題はないが、遺伝的な懸念ありとして登録種と認めない団体もある。スコティッシュフォールドとの間に生まれたマンチカンでは、骨・関節の異常が出やすい。

（左）C2064d
ビビアン／マンチカン
（右）C2258g
マンチカン（幼獣）

2009.9.18.　動物愛護週間制定60周年記念
C2064d　50+5Yen ……………………………100□
2016.4.22.　身近な動物シリーズ第2集 (52円)
C2258g　52Yen ………………………………80□

【ミケネコ】猫では遺伝学上の理由からオレンジ（茶）と黒が一つの体で発現した三毛は、XX染色体を持つメスでしか生まれない。遺伝子の転座やXXYの過剰染色体型等で稀にオスの三毛も産まれるが、オスは繁殖能力がないことが多い。

G179a　流れ星（三毛）　　G179b　ネコと音楽（三毛）

G179d　虹（三毛）

2017.11.22.
ハッピーグリーティング
（2017年 62円）
G179 a,b,d　各62Yen
………………………………100□

【メインクーン】メインクーンの外見が毛むくじゃらに見えるのは、ガードヘアー（プライマリーヘアともいう、被毛の中でもっとも長く目立つ毛）の長さが不揃いなためであるが、かわいい。

C2258c　メインクーン（幼獣）
2016.4.22.　身近な動物シリーズ第2集 (52円)
C2258c　52Yen ………………………………80□

【ラガマフィン】ラグドールから作られたが、登録種と認めない団体もある。大型種で毛はウサギに似た手触り。性格はのんびりやさん。

C2259i　ラガマフィン（幼獣）
2016.4.22.　身近な動物シリーズ第2集 (82円)
C2259i　82Yen ………………………………120□

【ラグドール】rag dollとはぬいぐるみの人形のことで、一般に抱っこを嫌う猫には珍しく、抱っこをあまり嫌がらないことと、もふもふした長毛から名づけられた。抱くとずっしり重みがある。

C2258e　ラグドール（幼獣）
2016.4.22.　身近な動物シリーズ第2集 (52円)
C2258e　52Yen ………………………………80□

【ロシアンブルー】毛色は青ではないが、美しい艶やかな銀灰色をブルーと呼ぶ。子猫は尾に黒い縞（ゴーストタビー）があり、時に成猫でも残る。ロシアからイギリスに持ち込まれ確立された。

C2258b　ロシアンブルー（幼獣）
2016.4.22.　身近な動物シリーズ第2集 (52円)
C2258b　52Yen ………………………………80□

【イエネコ　*Felis catus*　（品種が不明／雑種の図案）】

（左）C814
黒き猫図

（右）C852
黒船屋

1979.9.21.　近代美術シリーズ第3集
C814　50Yen……………………………………80□

1980.10.27.　近代美術シリーズ第8集
C852　50Yen……………………………………80□

・・・・・・・・　象徴としてのネコ ①　・・・・・・・・
近代美術シリーズ第3集の竹久夢二・画「黒船屋」(C852)は、実際にモデルを務めたお葉ではなく、仲を裂かれた後に亡くなった、以前の恋人・彦乃の顔を描いた作。抱かれたネコは、尾の先まで彦乃に密着している、となればネコは夢二自身の象徴。

（左）C1054
少年と手紙

（右）C1227
ネコと手紙

1985.7.23.　ふみの日 (1985年 60円)
C1054　60Yen……………………………………100□

1988.7.23.　ふみの日 (1987年 普通 40円)
C1227　40Yen……………………………………70□

1990.10.5.　国際文通週間 (1990年)
C1312　80Yen……………………………………120□
※題材は「鳥獣人物戯画」。11㌻コラム参照。

C1569　ねことポスト　　G4b　仔ネコ

1996.7.23.　ふみの日 (1996年 50円)
C1569　50Yen……………………………………100□

1998.3.13.　グリーティング切手 (1998年)
G4b　80Yen………………………………………120□

（左）C1707c
三遊亭圓生

（右）C1796h
東照宮
「眠り猫」

1999.3.12.　笑門来福・落語切手
C1707c　80Yen…………………………………120□

2001.2.23.　第2次世界遺産シリーズ第1集（日光の寺社）
C1796h　80Yen…………………………………120□

・・・・・・・・　象徴としてのネコ ②　・・・・・・・・
第2次世界遺産シリーズ第1集（日光の寺社）「眠り猫」(C1796f)の裏側には、スズメが彫られている。猫が起きていればスズメは逃げてしまうことから、眠り猫は共存・平和の象徴とされる。

C1845
みんなでつくろう
安心の街 (2)

2001.10.11.　みんなでつくろう安心の街
C1845　80Yen……………………………………120□

R722h
石垣集落
(愛媛県
南宇和郡)

2008.11.4.　ふるさと心の風景
第3集 (冬の風景)
R722h　80Yen……………………………………120□

2007.11.26.　冬のグリーティング
(シクラメン)
G21e　50Yen………………………………80□

G21e　こねこ

G30a
なかよし

2008.12.8.　冬のグリーティング
(2008年 いちご)
G30a　80Yen………………………………120□

G29c　なかよし

2008.12.8.　冬のグリーティング (2008年 お菓子がいっぱい)
G29c　50Yen………………………………80□

哺乳類

哺乳類

C2064b
ミル／雑種

C2064f
ラム／雑種

C2064j
さくら／雑種

2009.9.18. 動物愛護週間制定60周年記念
C2064b, f, j 各50+5Yen ………………… 100□

R776e 名所江戸百景
浅草田甫酉の町詣

2010.8.2. 江戸名所と粋の浮世絵
シリーズ第4集
R776e 80Yen ………………… 120□

―――――――――――
象徴としてのネコ ③
―――――――――――
「名所江戸百景 浅草田圃西の町詣」(R776e)のネコの視点は、窓の外をそぞろ歩く酉の市の参詣客を向いている。壁紙の模様が吉原雀であることなどから、ここが遊女部屋とわかる。ネコは吉原からの外出が禁じられ、窓越しに参詣客を眺めることしかできない遊女の象徴。

G51e リースに
子ネコ（幼獣）

G53e 窓の外

2011.11.10. 冬のグリーティング（2011年 グリーン）
G51e 50Yen ………………… 80□
2011.11.10. 冬のグリーティング（2011年 ピンク）
G53e 90Yen ………………… 140□

G97e
こねこの
トム

2011.3.3.
ピーターラビット（50円）
G47j 50Yen ………… 80□

2015.1.9. ピーター
ラビットと仲間たち
G97e 52Yen …… 100□

G98h
水仙の花を持つピーター

2015.1.9.
ピーターラビットの
暮らし
G98h 82Yen … 120□

※G98hのネコは、「ピーターラビットの絵本」シリーズに登場する、農夫のマグレガーさんの飼い猫。こねこのトムではない。

G65a 見上げてごらん

2012.11.9. 冬のグリーティング（2012年 ブルー）
G65a 90Yen ………………… 140□

C2136g
チューリップの
なかの男の子

G56a ギフトボックス
（幼獣）
2012.2.1.
春のグリーティング
（2012年 タンポポ）
G56a 80Yen ……… 120□

2013.4.3. 季節のおもいで
シリーズ第2集（春）
C2136g 80Yen ………… 120□

C2369e
ふみの日5

2018.7.23. ふみの日（2018年 82円）
C2369e 82Yen ………………… －□

―――――――――――
ネコは"寝る子"？
―――――――――――
ネコの語源は、古書に「ネコのネはネズミ也。コは好む也」、「一説にネコは寝るを好む意」とある。他の説では、ネコの元の呼び名は"ネコマ"であり、寐子（よく寝るもの）＋マはムに通じて「好む」のムとある。
学名 Felis catus はラテン語の feles（ネコ）＋造語のラテン語 catta（飼いネコ）。旧名 Felis domestica はラテン語の domesticus（家庭の／domus＝家に由来）の意。

C2351a-j　ねこ

2018.2.22.　身近な動物シリーズ第5集（62円）
C2351a-j　各62Yen……………100□

C2352a-j　ねこ

2018.2.22.　身近な動物シリーズ第5集（82円）
C2352a-j　各82Yen……………120□

イヌ科　Canidae

イヌ科の家畜はオオカミから作られたイエイヌのみ（キツネも毛皮を取るため養殖されることはある）。イヌとオオカミは同種なので子ができるが、飼育は難しく、交配を禁止している国・州もある。

【イエイヌ　Canis lupus familiaris】
（品種が報道発表されている、または推定が可能な図案）

イヌの品種は、鳥猟犬、牧羊犬、作業犬、愛玩犬などの用途別分類が基本であるが、日本では本来の用途と関係なく愛玩用に飼われることがほとんどなので、本書では品種名の50音順に配置した。

【秋田犬】 猟犬の秋田マタギに土佐犬やグレートデーンを交配して作出された日本犬で、海外でもかなりの人気がある。国際畜犬連盟（FCI）に犬種標準が登録されている日本犬の1つ。

1953.8.25.　第2次動植物国宝切手
353　2Yen………………………30□
[同図案▶490]

353　秋田犬

（左）C1733f
忠犬ハチ公
（秋田犬）

（右）C1773g
イヌとネコ
（左：秋田犬）

2000.2.23.　20世紀シリーズ第7集
C1733f　80Yen………………………120□
2000.5.19.　日本国際切手展2001
C1773g　80Yen………………………120□

（左）C2336c
秋田（秋田犬）
（右）C2337c
秋田（秋田犬）

2017.10.11.　身近な動物シリーズ第4集（62円）
C2336c　62Yen………………………100□
2017.10.11.　身近な動物シリーズ第4集（82円）
C2337c　82Yen………………………120□

【アメリカン・コッカー・スパニエル】
代表的な鳥猟犬（ガンドッグ）で、撃ち落とされた鳥の回収が仕事。ガン（雁）を回収するからガンドッグ、ではない。

C2236j　アメリカン・コッカー・スパニエル（幼獣）

2015.10.23.　身近な動物シリーズ第1集（52円）
C2236j　52Yen………………………80□

哺乳類

哺乳類

【ウェルシュ・コーギー・ペンブローク】
牛追いのため作出された犬種で、1000年以上の歴史がある。イギリス王室が愛好していることでも知られる。同じウェルシュコーギーのカーディガン種より耳が小ぶりである。

C2237g　ウェルシュ・コーギー・ペンブローク（幼獣）

2015.10.23.　身近な動物シリーズ第1集 (82円)
C2237g　82Yen ……………………………… 120□

【オールド・イングリッシュ・シープドッグ】もじゃもじゃの毛がキュートな牧羊犬。グルーミング（ヘアブラシかけ）が何より好きな人しか飼えない犬。目は完全に隠れているが、本人（犬）はあまり気にしていない。

（左）C2336d　オールド・イングリッシュ・シープドッグ（幼獣）
（右）C2337d　オールド・イングリッシュ・シープドッグ

2017.10.11.　身近な動物シリーズ第4集 (62円)
C2336d　62Yen ……………………………… 100□

2017.10.11.　身近な動物シリーズ第4集 (82円)
C2337d　82Yen ……………………………… 120□

【カラフト犬（樺太犬）】　タロとジロは樺太犬の兄弟で、1957年南極地域観測第一次越冬隊の橇犬。稀にみる悪天候にみまわれ、15頭のイヌが置き去りにされ、この2頭のみが11ヵ月間を南極で生き抜いた。ジロは第4次越冬中の1960年に昭和基地で病死。タロは第4次越冬隊と共に、1961年に帰国。北海道大学植物園で飼育され、1970年に老衰死。タロの剥製は北海道大学植物園博物館で、ジロは国立科学博物館で見ることができる。

C1728d　白瀬隊南極探検

1999.9.22.　20世紀シリーズ第2集
C1728d　80Yen ……………………………… 120□

C1738b-c　カラフト犬タロ・ジロ南極越冬(1)(2)（樺太犬）
左(b)：タロ
右(c)：ジロ

2000.7.21.　20世紀シリーズ第12集
C1738b-c　各50Yen …………………………… 80□

C2014g-h　ジロ　タロ（樺太犬）
左(g)：ジロ
右(h)：タロ

2007.1.23.　南極地域観測事業開始50周年
C2014g-h　各80Yen …………………………… 120□

C2015c　観測船宗谷と犬ぞり（樺太犬）
C2015g　タロ（樺太犬）

C2015j　ジロ（樺太犬）

2007.1.23.　南極地域観測事業開始50周年（シール式）
C2015c,g,j　各80Yen ………………………… 180□

【キャバリア・キング・チャールズ・スパニエル】
17世紀にチャールズⅠ世とⅡ世が愛好したキングチャールズスパニエルが変質したため、当時の色・姿に戻そうと1828年から復元が行われた犬。cavalierは馬に乗る騎士のこと。

C2236e　キャバリア・キング・チャールズ・スパニエル（幼獣）

2015.10.23.　身近な動物シリーズ第1集 (52円)
C2236e　52Yen ……………………………… 80□

【ゴールデン・レトリーバー】レトリバーは狩りで撃たれた獲物を回収（retrieve）するのが仕事の犬。アンダーコートの防水性が高く、水が大好きなこのイヌはカモ撃ちの回収犬としてぴったりである。

（左）G63d　くつしたにイヌ（ゴールデン・レトリーバーの幼獣と推定）
（右）C2236h　ゴールデン・レトリーバー（幼獣）

2012.11.9.　冬のグリーティング（2012年 グリーン）
G63d　50Yen ………………………………… 80□

2015.10.23.　身近な動物シリーズ第1集 (52円)
C2236h　52Yen ……………………………… 80□

40

【シー・ズー】中国で作出された愛玩犬。ウェーブした長毛が美しいが、現在の日本ではテディベア風にしたショートカットが主流。

C2237f シー・ズー（幼獣）

2015.10.23. 身近な動物シリーズ第1集（82円）
C2237f 82Yen……………………………120□

【柴犬】国際畜犬連盟に犬種標準が登録されている日本犬の1つ。豆柴と称する小型犬があるが、体格が小さく柴犬の犬種標準から外れる場合は、柴犬の定義から外れることになる。

（左）C2064g モモ／柴犬（幼獣）
（右）C2236b 柴（幼獣）

2009.9.18. 動物愛護週間制定60周年記念
C2064g 50+5Yen……………………100□

2015.10.23. 身近な動物シリーズ第1集（52円）
C2236b 52Yen……………………………80□

【シベリアン・ハスキー】獣医学生の日常を描いた漫画「動物のお医者さん」で流行した作業犬。充分な知識もなく、安易に飼育した後、もてあまして保健所へ持ち込む人が続出した。なお、獣医学生の日常はほぼ本作通りで、授業中に筆者が猫に授乳しても講師は一瞥しただけ。

（左）C2336h シベリアン・ハスキー（幼獣）
（右）C2337h シベリアン・ハスキー

2017.10.11. 身近な動物シリーズ第4集（62円）
C2336h 62Yen……………………………100□

2017.10.11. 身近な動物シリーズ第4集（82円）
C2337h 82Yen……………………………120□

【ジャーマン・シェパード・ドッグ】シェパード（羊飼い）の名通り牧羊犬として作られたが、第一次世界大戦で薬品や弾薬の運搬、伝令、負傷者発見など軍隊で活躍し、作業犬としての能力が注目された。近年は災害救助犬に活躍の場を広げている。

（左）C2336f ジャーマン・シェパード・ドッグ（幼獣）
（右）C2337f ジャーマン・シェパード・ドッグ

2017.10.11. 身近な動物シリーズ第4集（62円）
C2336f 62Yen……………………………100□

2017.10.11. 身近な動物シリーズ第4集（82円）
C2337f 82Yen……………………………120□

哺乳類

【ジャック・ラッセル・テリア】テリアとはラテン語のterra＝土を掘る、から来たもので、穴に住むキツネなどを狩る犬である。犬名は本種とパーソンラッセルテリアを作出したジョン・ラッセル牧師にちなむ。

C2236f ジャック・ラッセル・テリア（幼獣）

2015.10.23. 身近な動物シリーズ第1集（52円）
C2236f 52Yen……………………………80□

【セントバーナード】スイスアルプスのサン・ベルナール峠の僧院で、救助犬や道案内犬として飼われていた犬。ただし僧院の犬はずっと小柄（40名を救助したバリー号は40〜45kgほど）だったが、最重量級大型種に改良された。

G5c イヌ

C2203b セントバーナード（幼獣）

1999.3.23. グリーティング切手（1999年）
G5c 80Yen……………………………120□

2015.1.23. ほっとする動物シリーズ第3集（82円）
C2203b 82Yen……………………………120□

2013.1.23. アニメ・ヒーロー・ヒロインシリーズ第19集
C1990c-d 各80Yen……120□

C1990c-d ヨーゼフ ハイジ（2）

史上最高の救助犬バリー

バリー号（1800〜1814）は、スイスとイタリアの国境のグラン・サン・ベルナール峠の僧院で飼われていた救助犬（この頃、セントバーナードという品種名はまだなかった）。バリーは山岳救助犬として40名の命を救い、ベルンで余生を終えた。今もベルン自然史博物館で、バリーの剥製（右）を見ることができる。

【ダックスフンド】キツネ、カワウソ、アナグマ（Dachs）の巣穴に入る猟犬（Hund）で、肢の短い体型が維持されてきた。成犬の胸囲が小さいものがミニチュア種、さらに胸囲の小さいものがカニーンヘン種。

C2237b ダックスフンド（幼獣）

2015.10.23. 身近な動物シリーズ第1集（82円）
C2237b 82Yen……………………………120□

[バリー号／写真提供：PraktikantinNMBE]

哺乳類

2016.11.25. 童画のノスタルジーシリーズ第4集
C2296e　82Yen……………120□

C2296e　蚤の市

C2296eはダックスフントでも比較的足の長い、ドイツ系のタイプかと思われる。

【ダルメシアン】ユーゴスラビアのダルマティア地方にいるイヌで、18世紀には駅馬車の護衛犬として長距離の宿場間をウマについて歩いた。じゅうぶんな運動が必要なため、健脚家向けの犬。

(左) C2336j
ダルメシアン (幼獣)

(右) C2337j
ダルメシアン

2017.10.11.　身近な動物シリーズ第4集 (62円)
C2336j　62Yen……………100□

2017.10.11.　身近な動物シリーズ第4集 (82円)
C2337j　82Yen……………120□

【チャウ・チャウ】中国で紀元前から橇犬として飼われていたらしい。動きづらくして食用に早く太らせるため、後肢の関節を浅く改良され、竹馬様の独特の歩き方をする。毛皮もコートの材料になる。

C2336e
チャウ・チャウ (幼獣)

C2337e
チャウ・チャウ

2017.10.11.　身近な動物シリーズ第4集 (62円)
C2336e　62Yen……………100□

2017.10.11.　身近な動物シリーズ第4集 (82円)
C2337e　82Yen……………120□

【チワワ】世界最小の品種で、愛玩用。品種名は発祥とされる地のメキシコの州名。チワワによく似たテチチという犬が祖先との説がある。テチチは9世紀のトルメック族が飼っていた犬。

2015.10.23.
身近な動物シリーズ第1集 (52円)
C2236a　52Yen……………80□

C2236a　チワワ (幼獣)

【トイ・プードル】元はカモ猟に使用されたプードルは、毛が泳ぐ邪魔になることから、水中で冷えないための心肺部分と、浮力を得るための手足に毛を残して刈る独特のカットがうまれた (C1517)。現在では、全体的に均一の長さにカットする、可愛いらしいテディベアを模したカットに人気がある (G51a、C2237a)。

1995.4.20.
切手趣味週間 (1995年 寄附金付)
C1517　80+20Yen……………200□

C1517
画室の客
(プードルカットのトイ・プードル) (左)

G51a
リースに子イヌ (幼獣)

C2237a
トイ・プードル

2011.11.10.　冬のグリーティング (2011年 グリーン)
G51a　50Yen……………80□

2015.10.23.　身近な動物シリーズ第1集 (82円)
C2237a　82Yen……………120□

【バーニーズ・マウンテン・ドッグ】マウンテンドッグとは山犬ではなく、山岳での仕事に耐える犬のこと。使役犬に分類され、家畜の番犬や牽引犬、牛追い犬として古くから飼われ、起源は古代ローマ時代とも。

(左) C2336b
バーニーズ・マウンテン・ドッグ

(右) C2337b
バーニーズ・マウンテン・ドッグ

2017.10.11.　身近な動物シリーズ第4集 (62円)
C2336b　62Yen……………100□

2017.10.11.　身近な動物シリーズ第4集 (82円)
C2337b　82Yen……………120□

【パグ】東洋原産。オランダ経由でイギリスに入り人気を博した。独特の愛嬌と魅力があり、一度パグを飼った人は、次の犬を選ぶときもまたパグを選ぶ人が多いと思われる。品種名はラテン語のpugnus (拳) で、頭の形から。

C2237h　パグ (幼獣)

2015.10.23.　身近な動物シリーズ第1集 (82円)
C2237h　82Yen……………120□

【パピヨン】パピヨンはフランス語で蝶のことで、大きな耳に由来。16世紀フランスで上流階級にもてはやされた。当時は垂れ耳 (ファレーヌ品種) であったが、現在は立ち耳になっている。

C2236g　パピヨン (幼獣)

2015.10.23.　身近な動物シリーズ第1集 (52円)
C2236g　52Yen……………80□

【ビーグル】

実はハウンド（狩猟犬）に分類される犬で、ハウンドでは最も小柄。臭跡を辿らせノウサギ猟に使われた。散歩でも常に地面から鼻を離さず臭いを嗅ぎながら歩く姿が見られる。

G4a　仔イヌ（ビーグル）（幼獣）
1998.3.13.　グリーティング切手（1998年）
G4a　80Yen ································· 120□

2015.10.23.　身近な動物シリーズ第1集（52円）
C2236i　52Yen ································ 80□
C2236i　ビーグル（幼獣）

【ビション・フリーゼ】
地中海の害獣駆除犬ビション種が、スペイン人の船でカナリア諸島（P.101参照）へ持ち込まれ、そこで確立した品種。friseはフランス語で縮れ毛。

C2237j　ビション・フリーゼ（幼獣）
2015.10.23.　身近な動物シリーズ第1集（82円）
C2237j　82Yen ································ 120□

【ブルドッグ】　ブルとは牡牛のことで、闘牛用の犬。牛を噛んで窒息しないよう鼻は低く、ふり回されても離れないよう首が太く作られた。頭部が非常に大きいため、出産は帝王切開になる。

（左）C2336i　ブルドッグ（幼獣）
（右）C2337i　ブルドッグ

2017.10.11.　身近な動物シリーズ第4集（62円）
C2336i　62Yen ······························· 100□
2017.10.11.　身近な動物シリーズ第4集（82円）
C2337i　82Yen ······························· 120□

【フレンチ・ブルドッグ】
フレンチ・ブルドッグは闘牛用の犬だが、イギリスのブルドッグほど行き過ぎた品種改良をされていない。19世紀にトイ・ブルドッグがフランスに持ち込まれて作られた。

C2236d　フレンチ・ブルドッグ（幼獣）
2015.10.23.　身近な動物シリーズ第1集（52円）
C2236d　52Yen ································ 80□

このイヌの品種はなんだろう…？

G52a　クリスマスの準備
G55b　おひっこし
2011.11.10.　冬のグリーティング（2011年 ブルー）
G52a-e　各80Yen ··················· 120□
2012.2.1.　春のグリーティング（2012年 サクラ）
G55b　50Yen ······················ 80□
2012.11.9.　冬のグリーティング（2012年 レッド）
G64b-e　各80Yen ·················· 120□
2013.2.1.　春のグリーティング（2013年 50円 ピンク）
G69e　50Yen ······················ 80□
2014.1.16.　春のグリーティング（2014年 50円）
G82c　50Yen ······················ 80□

※以上に、同様のブリュッセル・グリフォンが描かれている。

G52の押印機用初日印（右）を見ると、骨を手にしていることから、イヌであることがわかる。筆者はブリュッセルグリフォンと推定したが、ノーフォークテリアや他の犬種の可能性もある。

ブリュッセル・グリフォン
ノーフォーク・テリア

【ボーダー・コリー】イギリス産では最も優秀な牧羊犬とも言われる犬。スコットランドとイングランドの境（border）の地域で作られたのでその名が付いたが、borderには辺境との意も込められている。

G96i　少年と犬
C2336g　ボーダー・コリー（幼獣）
C2337g　ボーダー・コリー

2014.11.7.　冬のグリーティング（2014年 82円）
G96i　82Yen ······················ 120□
2017.10.11.　身近な動物シリーズ第4集（62円）
C2336g　62Yen ···················· 100□
2017.10.11.　身近な動物シリーズ第4集（82円）
C2337g　82Yen ···················· 120□

哺乳類

［写真提供：ブリュッセル・グリフォン：Dan9186／ノーフォーク・テリア：Robin Wellmann］

哺乳類

【ポメラニアン】スピッツ族で最少の種。ポメラニア地方（ドイツ北東部からポーランド北西部にまたがる地域）で作出された。性格は快活で賢いので愛玩犬に最適な犬の1つ。

C1517　画室の客（ポメラニアン）（右）
C2237c　ポメラニアン（幼獣）

1995.4.20.　切手趣味週間（1995年 寄附金付）
C1517　80+20Yen ················· 200□
2015.10.23.　身近な動物シリーズ第1集（82円）
C2237c　82Yen ················· 120□

【マルチーズ】フェニキア人がマルタ島（なのでマルチーズ）に持ち込んだと言われる、欧州のトイグループ（愛玩犬）では最古の品種。ネズミ捕り犬として有名で、19世紀英国のビクトリア女王が飼育して人気が出た。

C2237d　マルチーズ（幼獣）
2015.10.23.　身近な動物シリーズ第1集（82円）
C2237d　82Yen ················· 120□

【ミニチュア・シュナウザー】ドイツ生まれのテリア。農場のネズミ捕獲犬として作られた。テリアにしては闘争心が弱く、愛玩犬向き。こまめなグルーミングが必要。ひげは毎日さし入れを。

C2237e　ミニチュア・シュナウザー（幼獣）
2015.10.23.　身近な動物シリーズ第1集（82円）
C2237e　82Yen ················· 120□

【ミニチュア・ピンシャー】ドイツ語でピンシェルとは英語のテリアの意味である。ドイツでジャーマンピンシャー（その祖先はスタンダードシュナウザー）を、小型にした犬である。使役犬に分類される。

C2237i　ミニチュア・ピンシャー（幼獣）
2015.10.23.　身近な動物シリーズ第1集（82円）
C2237i　82Yen ················· 120□

【ヨークシャー・テリア】テリア（穴居性鼠類用の猟犬）に分類されるこの犬は、19世紀ヨークシャー地方でネズミ狩りのために作出された。テリアの中では最小の犬で、光沢のある美しい長毛を持つ。

2009.9.18.　動物愛護週間制定60周年記念
C2064c　50+5Yen ················· 100□

C2064c　ラブ／ヨークシャー・テリア

2015.10.23.　身近な動物シリーズ第1集（52円）
C2236c　52Yen ················· 80□

C2236c　ヨークシャー・テリア（幼獣）

【ラブラドール・レトリーバー】カナダのラブラドル半島にいた犬の子孫とされる。同国のニューファンドランド島で、漁師が網からこぼれた魚の回収（retrieve）に使っていた犬がイギリスで改良された。水に入るのが大好き。

1995.9.1.　世界獣医学大会
C1529　80Yen ················· 150□

C1529　ラブラドール・レトリーバーと馬・牛

C2064e　こと／ラブラドール・レトリーバー（幼獣）
C2336a　ラブラドール・レトリーバー（幼獣）
C2337a　ラブラドール・レトリーバー

2009.9.18.　動物愛護週間制定60周年記念
C2064e　50+5Yen ················· 100□
2017.10.11.　身近な動物シリーズ第4集（62円）
C2336a　62Yen ················· 100□
2017.10.11.　身近な動物シリーズ第4集（82円）
C2337a　82Yen ················· 120□

【イエイヌ *Canis lupus familiaris*（品種が不明／雑種の図案）】

1962.10.7.　国際文通週間（1962年）
C382　40Yen ········ 1,200□

C382　東海道五拾三次之内 日本橋

1973.11.20.　昔ばなしシリーズ（第1集 花さかじじい）
C629　20Yen ········ 40□

C629　ここほれワンワン

44

1976.4.20.
切手趣味週間（1976年）
C718　50Yen ……………… 80☐

C718　彦根屏風

1980.3.21.　日本の歌シリーズ第4集
C837　50Yen …………………………… 80☐

C837　春の小川

C1430　南蛮人渡来図屏風

G1e　花とともだち

1993.9.22.　日本・ポルトガル友好450年
C1430　62Yen ………………………… 100☐

1995.6.1.　グリーティング切手（1995年）
G1e　80Yen …………………………… 120☐

1998.11.4.　第2次文化人切手（第7集）
C1690　80Yen ……………… 150☐

C1690　滝沢馬琴

1999.10.22.
20世紀シリーズ第3集
C1729a-b
各80Yen …120☐

C1729a-b
東京名所万世橋停車場及広瀬中佐銅像の図 (1)(2)

哺乳類

R349　とうもろこし　R350　じゃがいも　R351　アスパラ

R352　メロン

1999.9.17.　THE 北海道
R349-352　各50Yen ……………… 80☐

2000.11.1.
佐賀インターナショナル・バルーンフェスタ
R440　80Yen ……………………… 120☐

R440　佐賀インターナショナルバルーンフェスタ

C1768-C1769
リーフデ号とオランダ人に出島の図（C1769の左上）

2000.4.19.　日蘭交流400年記念
C1768-1769　各80Yen ………………… 120☐

R420-421
牧草地

2000.7.19.　北の大地Ⅱ
R420-421　各80+20Yen ……………… 140☐

2008.2.22.　アニメ・ヒーロー・ヒロインシリーズ第7集
まんが日本昔ばなし「桃太郎」
C1978g-h　各80Yen ……………………… 120☐

※「桃太郎」についての詳細は、12ｼﾞｰコラム参照。

哺乳類

C1845 みんなでつくろう
　　　　　　　　安心の街(2)
2001.10.11.
みんなでつくろう安心の街
C1845　80Yen………120□

C1819　郵便物投函の図
2001.4.20.
切手趣味週間(2001年)
C1819　80Yen………150□

C1892a　東海道五十三次
　　　　「日本橋」(左下)
2003.6.12.　江戸開府400年
シリーズ第2集(町人と美)
C1892a　80Yen………120□

2006.4.20.
切手趣味週間
(2006年)
C2002a-b
各80Yen
………120□

C2002a-b
朝顔狗子図杉戸
朝顔　狗子

2008.11.4.
ふるさと心の風景第3集(冬の風景)
R722i　80Yen………120□

R722i
急斜面
の村
(徳島県
三好市)

2009.10.16.
日本ハンガリー交流年2009
C2069j　80Yen………120□

C2069j
ヘレンド磁器(2)
(壺絵の左下)

2009.9.18.
動物愛護週間
制定60周年記念
C2064a,i
各50+5Yen
…………100□
(左) C2064a
ポピー/雑種
(右) C2064i
桃夏(ももか)/雑種

2011.11.10.
冬のグリーティング
(2011年 ピンク)
G53a　90Yen………140□

G53a　南天と子いぬ

R807e-f
川べりの家
(新潟県柏崎市)
2011.12.1.　ふるさと心の風景10集(甲信越地方の風景)
R807e-f　各80Yen………120□

R787e-f　春の庭先
(群馬県利根郡
昭和村)

R0787g
麦畑
(栃木県芳賀
郡益子町)

2011.3.1.　ふるさと心の風景
第9集(関東地方の風景)
R787e-f,g　各80Yen………120□

2012.2.1.　春のグリーティング
(2012年 タンポポ)
G56b　80Yen………120□

G56b 花びら ふわり(幼獣)

2013.10.4.　地方自治法施行
60周年記念シリーズ　岡山県
R841a　80Yen………120□
※「桃太郎」についての詳細は、
12ｐコラム参照。

(左) C2160f
おおいぬ座

(右) C2160g
こいぬ座

2013.12.4. 星座シリーズ第4集
C2160f,g 各80Yen……………………150□

C2136i-j
ままごと (1) (2)

2013.4.3. 季節のおもいで
シリーズ第2集（春）
C2136i-j 各80Yen………120□

2013.7.5.
星座シリーズ第3集
C2141i 80Yen……………150□

C2141i りょうけん座

C2232 東海道五拾三次之内
藤川（左下）

2015.10.9. 国際文通週間 (2015年)
C2232 130Yen………………………260□

2016.1.29. 童画のノスタルジー
シリーズ第2集
C2250i 82Yen……………120□

C2250i
かわいいかくれんぼ
（下半身のみ）

C2257c
上杉本洛中洛外図屏風
（左下）

C2257g
上杉本洛中洛外図屏風
（中央右寄り）

2016.4.20. 切手趣味週間
C2257c,g 各82Yen……………………120□

G180d 犬

C2310h 海と犬

C2265b きょうはなんのひ？

2016.5.27. 童画のノスタルジーシリーズ第3集
C2265b 82Yen……………………………120□
2017.11.22. ハッピーグリーティング (2017年82円)
G180d 82Yen……………………………120□
2017.4.14. My旅切手シリーズ第2集 (52円)
C2310h 52Yen……………………………80□

C2388a-b
東京汐留鉄道館
蒸汽車待合之図
(1) (2)（bの下）

2018.10.23. 明治150年
c2388a-b 各82Yen……………………—□

イタチ科　Mustelidae

カワウソカフェが流行りつつあるが、イタチ科の飼育に特別な技術は必要ない。しかし難点は肛門腺から強烈な臭いを出すことで、これを防ぐため肛門腺除去手術がなされる。

【フェレット　*Mustela putorius furo*】

ヨーロッパケナガイタチから愛玩用に改良された種。ペット用に肛門嚢を除去する必要から、生後2か月までの早い時期に、不妊去勢を兼ねて手術が行われて販売される。

C2295d　フェレット

2016.11.11. 身近な動物シリーズ第3集 (82円)
C2295d 82Yen……………………………120□

哺乳類

哺乳類

家畜・脊索動物門・哺乳綱

ある野生動物が家畜化されたからといって、新たな種に変わったのではないから、野生種と家畜種の学名は同じである（植物の学名で使用する品種記号f.は、動物では使用しない）。しかし、イヌなど慣用的に別の学名が用いられる例外もある。

クジラ偶蹄目（鯨偶蹄目） Cetartiodactyla

目名は従来のクジラ目 Cetacea と偶蹄目 Artiodactyla を合成した語。クジラ目はラテン語の cetus（巨大な海の生物）に由来し、偶蹄目はギリシャ語の artios（偶数）＋daktulos（指）に由来する語である。

イノシシ科　Suidae

クジラ偶蹄目の猪豚亜目（ちょとんあもく）にはイノシシ科以外に、南米のペッカリー科（南北アメリカ大陸に棲息。イノシシに似ているが、後肢の小指は退化して3指になっており、歯の数もイノシシより少ない）が含まれるが家畜化には成功していない。以前はカバ科も猪豚亜目に含まれていたが、カバがクジラに近縁とわかり除かれた。

【ブタ　Sus scrofa】
イノシシから作られた家畜で、ベーコン用や精肉用、ペット用のミニブタと用途に応じた品種やその雑種が飼育されている。ブタが再野生化するとイノシシと交雑し、世代がたつとブタの形質はイノシシに吸収されてしまう。

G47e こぶたの ピグリン・ブランド

C2316d 豚と農業

2011.3.3　ピーターラビット（50円）
G47e　50Yen ………………………………… 80□
2017.5.2.　日デンマーク外交関係樹立150周年
C2316d　82Yen ……………………………… 120□

ラクダ科　Camelidae

科名はラテン語のcamelus（ラクダ）から。ヒトコブラクダは野生絶滅。フタコブラクダの野生種は絶滅の危機にあり、動物園のラクダも全て家畜種である（唯一、中国の北京動物園が野生のフタコブラクダを飼育した）。

【フタコブラクダ　Camelus bactrianus】
乗用や荷運び用に飼われる。側対歩（片側の後脚が前に出た直後に同じ側の前脚も前に出る歩き方）を行うため、上下動は少ないが前後左右に揺れる。乳や肉も利用されるが部族内での消費に留まる。

C1224
螺鈿紫壇五絃琵琶の捍撥

1988.4.23.　なら・シルクロード博
C1224　60Yen ……………………… 100□

C1608　月の砂漠

1997.10.24.
わたしの愛唱歌シリーズ第1集
C1608　80Yen ……………………… 150□

※切手は「月の砂漠」を作詞した、加藤まさをの原画が題材。当初は切手原画にあるように、フタコブラクダ（鞍の位置などでわかる）を想定していたが、後のインタビューで、『一瘤でないと東洋の感じが出てしまってダメなんです』と、ラクダの種類を変更した旨を語っている。

（左）C2018b ラクダとタージ・マハル
（右）C2195a 木画紫檀碁局・碁子（側面）

2007.5.23.　2007年日印交流年
C2018b　80Yen ……………………… 120□
2014.10.17.　正倉院の宝物シリーズ第1集
C2195a　82Yen ……………………… 120□

【ヒトコブラクダ　Camelus dromedarius】
FAO（国連食糧農業機関）の統計では、世界のラクダ飼養頭数の9割が本種で、フタコブラクダは1割。野生種は絶滅。アラビア半島にいるものは家畜種が逃げて半野生化したもの。

2013.6.25.
旅の風景シリーズ第18集（千葉）
R835g　80Yen ……………………… 120□
　　　R835g　月の沙漠

※千葉県御宿にある「月の砂漠記念像」では、作詞家の後年のイメージどおり、ヒトコブラクダとなっている。なお、文政4年（1821）にヒトコブラクダ1ペアが渡来し、大阪で見世物になった記録がある。

【ラマ　Lama glama】
野生動物であるグアナコ（Lama guanicoe）を家畜化したものがラマ。ちなみにアルパカ（Lama pacos）はグアナコの改良品種、もしくはグアナコとビクーニャ（Vicugna vicugna）との混血らしい。

C1711 ラマとマチュ・ピチュ遺跡とナスカ地上絵

1999.5.18.　日本人ペルー移住100周年
C1711　80Yen ……………………… 150□

シカ科　Cervidae

シカ科はオスしか角を持たない（ただし、中国や朝鮮半島に生息するキバノロ（*Hydropotes inermis*）の雄には角がなく、牙を持っている）。以前シカ科に属していたジャコウジカ類も、雄に角がなく牙を持つが、別科として独立した。

【トナカイ　*Rangifer tarandus*】
和名の「トナカイ」は、アイヌ語での呼び名に由来する日本語。メスにも角があり、オスの角は1月までに落ちるが、メスは冬の間も角で雪の下の草を掘り返して食べ、春に角を落とす。

（左）C1610
ジングルベル

（右）R369
サンタクロース

G18d　トナカイ　　G22a　　　　　G22e　月と雪だるま
　　　　　　　　サンタとトナカイ

1997.12.8.　わたしの愛唱歌シリーズ第2集
C1610　80Yen …………………………………150□
1999.11.11.　サンタクロース
R369　80Yen …………………………………120□
2006.11.24.　冬のグリーティング（2006年 松ぼっくり）
G18d　80Yen …………………………………120□
2007.11.26.　冬のグリーティング（2007年 ツリー）
G22a,e　各80Yen ……………………………120□

G41c　静かな夜に
　　　　　　　　G41e　オーロラ
　　　　　　　　　　　レインディア

2010.11.8.
冬のグリーティング（2010年 グリーン）
G41c,e　各50Yen ………………………………80□

G42c　「Fell」（山）
　　　　　　　　G42e　「Reindeer」（レインディア）

2010.11.8.
冬のグリーティング（2010年 ブルー）
G42c,e　各80Yen ……………………………120□

（左）G64a
えんとつにサンタ

（右）G118i
トナカイ

2012.11.9.　冬のグリーティング（2012年 レッド）
G64a　80Yen …………………………………120□
2015.12.11.　冬のグリーティング（2015年 82円）
G118i　82Yen …………………………………120□

ウシ科　Bovidae

最も栄えている有蹄類であるウシ科は、家畜の種類も豊富で日本だけでもヤギ、ヒツジ、ウシ、スイギュウが飼われている。世界ではエランド（*Taurotragus oryx*）など、新たな家畜も作られている。

【ウシ　*Bos taurus taurus*】
　　　（品種が報道発表されている、または推定が可能な図案）

FAO（国連食糧農業機関）の統計では、ウシの飼育頭数は14億頭。品種は地方種を含めると500種を越えるとも。日本ではウシを自然交配させず、ほぼ100％人工授精で繁殖させている。

【ジャージー】
英仏海峡のジャージー島原産の、乳牛では小柄な種。乳脂肪分が季節変動するが、平均4.9％（一般的な乳牛では4％未満）と高い。ウシの体色は白にちかい淡い黄褐色から、濃褐色まで様々。

P228　赤岳　（ジャージー）
　　　　　（左上、右から2頭目）

1968.3.21.　八ヶ岳中信高原国定公園
P228　15Yen ……………………………………50□

2013.10.4.
地方自治法施行60周年
記念シリーズ　岡山県
R841d　80Yen …………………………………120□

R841d
蒜山高原（ジャージー）

哺乳類

【ホルスタイン】
原産地オランダのフリースランド州に、ドイツのホルシュタイン地域をあわせた、ホルスタイン・フリーシアン種が正式名。乳量が最も多い大型乳牛で、日本での一頭あたりの乳量は、平均年8,000ℓ。

1965.5.5. 国立こどもの国開園
C426 10Yen･････････････50□

C426 子どもと動物にこどもの国のマーク（左下にホルスタイン）

P228 赤岳（ホルスタイン♀）（左手前、中央、右）

1968.3.21. 八ヶ岳中信高原国定公園
P228 15Yen･･････････････････50□

P245 道後山からの比婆連峰（ホルスタイン（左：♀）

R179 日本酪農発祥の地ファームピア（手前：♀、左奥：♀、右奥：♀）

1972.3.24. 比婆道後帝釈国定公園
P245 20Yen･･････････････････40□

1995.11.21. ファームピア'95 in ちば
R179 80Yen･･････････････････120□

1997.4.25. 富士山
R205 80Yen･･････････････････120□

R205 初夏の富士山（ホルスタイン（左：♀）

R772a-b 白糠線（白糠郡白糠町）（ホルスタイン♀）
R772g-h まきば（石狩市）（ホルスタイン♀）

2010.6.1. ふるさと心の風景第7集（北海道の風景）（2006年）
R772a-b,g-h 各80Yen
･･････････････120□

R793f ナイタイ高原牧場（ホルスタイン）

C2353j 高原と富士山（ホルスタイン）

2011.5.30. 旅の風景シリーズ第12集（北海道）
R793f 80Yen･･････120□

2018.3.2. My旅切手シリーズ第3集（62円）
C2353j 62Yen･････････100□

【ウシ（褐毛（あかげ）和種） Bos taurus taurus】
熊本と高知で、それぞれスイスの乳肉兼用種・シンメンタールをかけて開発された日本固有の肉用種で、放牧に適する。肉質は黒毛和種より脂肪交雑（サシ）が少なく、赤身が多い。

1985.5.10. 国土緑化（1985年）
C1047 60Yen･･････････100□

C1047 リンドウとクスノキに阿蘇山（褐毛種）

┌･････ **日本で唯一のスイギュウ切手** ･････┐

【スイギュウ Bubalus bubalis arnee】

1999.10.22. 日本プロ野球セパ両リーグ誕生50周年
C1750k 80Yen･･････････150□

C1750k バフィリード（大阪近鉄）

大阪近鉄バファローズのマスコットはスイギュウ（バッファロー）である。アジアスイギュウ（Bubalus bubalis）の家畜種で、アジア南部のほか、南欧や北アフリカでも飼われている。清朝政府の奨励で台湾に多数移入され、石垣島のスイギュウは台湾から渡来したもの。

※日本切手には、「バフィリード」以外にスイギュウを描いた切手がないことから、キャラクターではあるが特例として掲載。

└･･････････････････････････････┘

【ウシ Bos taurus taurus（品種が不明の図案）】

C495 平治物語絵詞

C420 稲、麦、リンゴ、乳牛

1964.9.15. 八郎潟干陸式
C420 10Yen･･･････50□

1968.9.2. 第1次国宝シリーズ第4集
C495 15Yen･･･････60□

50

1970.9.11.
妙義荒船佐久高原国定公園
P243　15Yen……………50□
P243
妙義山

C667　牛追い図
（背に柴を積んだウシ）

1974.10.9.　万国郵便連合100年（50円）
C667　50Yen………………………………100□

1984.11.20.　産業教育100年
C1009　60Yen………………100□
C1009　産業教育のイメージと産業の担い手となる青少年

C1395　牛車で参内した公家たち
1992.10.6.
国際文通週間（1992年）
C1395　80Yen……………120□

1993.6.4.　壬生の花田植
R136　62Yen………………100□
R136
壬生（みぶ）の花田植え

C1843
東海道五拾三次之内
阪之下

2001.10.5.　国際文通週間（2001年）
C1843　130Yen………………………………260□

哺乳類

2003.10.6.
国際文通週間
（2003年 130円）
C1903　130Yen
………………260□

C1903
東海道五拾三次之内
大津

（左）C2160b
おうし座
（右）C2249c
おうし座

2013.12.4.　星座シリーズ第4集
C2160b　80Yen……………………………150□
2016.1.22.　星の物語シリーズ第3集
C2249c　82Yen……………………………120□

C2257b　上杉本洛中洛外図屏風（中央）

C2257c　上杉本洛中洛外図屏風（上中央）

C2257j　上杉本洛中洛外図屏風（右上）

2016.4.20.　切手趣味週間
C2257b,c,j　各82Yen………………………120□

左下の耳紙部分にも、米俵を積んだ荷車を牽くウシの姿が。

51

哺乳類

C2144c
郭中美人競
若松屋内緑木

C2307b
おうし座

C1990a-b
ユキちゃん
ハイジ（1）

2013.8.1. 浮世絵シリーズ第2集
C2144c　80Yen················120□
2017.3.3. 星の物語シリーズ第5集 完結編セット専用シート
C2307b　82Yen················120□

2013.1.23. アニメ・ヒーロー・ヒロインシリーズ第19集
C1990a-b 各80Yen················120□

C2160e
ぎょしゃ座

2013.12.4. 星座シリーズ第4集
C2160e 80Yen················150□

【ヤギ　*Capra hircus*】
ヤギとヒツジは、ともに日本では古来飼育されてこなかった家畜。よく混同されるが、あごひげがあるのがヤギと見分けるのが簡単。まれに両種の雑種が産まれるが殆ど育たない。

C1899i　やぎ

R717h
秋一色
（茨城県
行方市）

2003.7.23.
ふみの日（2003年 80円）
C1899i 80Yen···· 120□

2008.9.1.
ふるさと心の
風景第2集（秋の風景）
R717h　80Yen················120□

【ヒツジ　*Ovis aries*】
（品種が報道発表されている、または推定が可能な図案）
目の下にヤギにはない涙窩があり、ここから出る分泌物と、足の指の間にある臭腺とは、ヒツジが群れるのに役立つ。体毛は縮れた細い毛（緬毛／めんもう）と粗毛（そもう）が混じる。尾は生後すぐゴムリングをはめ、脱落させる品種が多い。

【サフォーク】
肉用（早熟早肥で良質のラム肉を生産）の大型種だが、羊毛も取れる。顔と四肢に白い毛がなく、黒い短毛が生えているのが特徴。名前はイングランドのサフォーク州に由来する。

2014.11.7. 冬のグリーティング
（2014年 82円）
G96h　82Yen················120□
G96h　ひつじ2（上：サフォーク）

C2069j　ヘレンド磁器（2）

2009.10.16.
日本ハンガリー交流年2009
C2069j 80Yen················120□

※ヘレンドで19世紀頃製作されたデザインを基に、1970年代に複製された山羊頭の取っ手がついたセーブル風の壺。壺絵の中央下部にはヒツジの描写（次↗参照）。

C2296f
きつねがひろった
イソップものがたり
（下段右端）

2016.11.25. 童画のノスタルジーシリーズ第4集
C2296f　82Yen················120□

【コリデール】毛肉兼用種でニュージーランド原産。毛用のメリノ種にリンカーン、レスター、ロムニマーシュなどの英国長毛種を配合して作られた。蒸し暑い日本の気候にもよく適応する種。

R511 羊ヶ丘展望台（クラーク博士と羊）（コリデール）
2001.9.3. 北の風景
R511 80Yen················120□

【ヒツジ　*Ovis aries*（品種が不明の図案）】

2009.10.16.
日本ハンガリー交流年2009
C2069j　80Yen………………120□
※壺絵の中央下部に、ヒツジが描かれている。

C2069j
ヘレンド磁器（2）

2016.11.25.　童画のノスタルジーシリーズ第4集
C2296f　82Yen………………120□

C2296f　きつねがひろったイソップものがたり（下段右）

G96g　ひつじ1　　G96h　ひつじ2（下）

C2160a　おひつじ座

2013.12.4.　星座シリーズ第4集
C2160a　80Yen………………150□
2014.11.7.　冬のグリーティング（2014年 82円）
G96g-h　各82Yen………………120□

2015.1.23.　ほっとする動物シリーズ第3集（52円）
C2202b　52Yen………………80□
C2202b　ヒツジ（幼獣）

C2307a　おひつじ座

2017.3.3.　星の物語シリーズ第5集 完結編セット専用シート
C2307a　82Yen………………120□

C2249b　おひつじ座
2016.1.22.　星の物語シリーズ第3集
C2249b　82Yen………………120□

ウマ目（奇蹄目）　Perissodactyla

ウマ目で家畜化に成功した品種は、ウマとロバおよび両種の種間雑種（この雑種に生殖能力はない）のみ。欧米でシマウマに馬車を曳かせたこともあるが、定着しなかった。

ウマ科　Equidae

科名はラテン語のequus（馬）に由来する。ギリシャ語のウマは hippo だが、これが人名に転用されたのがPhilip（フィリップ）で、ギリシャ語のphilos（愛好する）＋hippo → Philipposで「馬好きな人」の意になる。

【ロバ　*Equus asinus*】

驢馬（ろば）の驢の字は「粗雑で丈夫」の意で、粗食に耐え、忍耐強い動物である。家畜ロバの祖先種は、アフリカノロバ（*Equus asinus*）の亜種ソマリノロバ（*Equus asinus somalicus*）とされ、野生個体は極めて少ない。

2016.11.25.　童画のノスタルジーシリーズ第4集
C2296f　82Yen………………120□

C2296f　きつねがひろったイソップものがたり（中央）

【参考：桃山時代の鞍（くら）と鐙（あぶみ）】

409　はにわの馬（65円）

切手に見る鐙（あぶみ）の変遷

「はにわの馬」（409）は古墳時代後期（6世紀頃）のもので、鐙（自転車でいうペダル。鞍の両わきにさげてつま先を乗せる馬具）は輪っか状をしている。
一方、桃山時代（16世紀）の「芦穂蒔絵鐙」（C1294）の鐙は、スリッパ状に進化している。これは鞍から腰を浮か

C1293　芦穂蒔絵鞍　C1294　芦穂蒔絵鐙
↑1990.7.31.　馬と文化シリーズ第2集
C1293-1294　各62Yen………………100□

せて弓を射る和式馬術では、足の裏全体で体重を支える必要があるため。

↑1966.7.1.　新動植物国宝図案切手・1966年シリーズ
409　65Yen……1,800□
[同図案▶428]

※切手は409が原寸、C1293-1294が原寸の60%。

哺乳類

【ウマ　Equus caballus caballus】
（品種が報道発表されている、または推定が可能な図案）

家畜ウマの品種の分類法は、体格に基づく分類や用途、歩方、毛色、地名に基づくものなど様々で定説がない。本書ではカタログとしての利便性から品種名の五十音順とした。

【寒立馬（かんだちめ）】
日本の在来種ではなく、青森県尻屋崎（しりやざき）の南部藩の牧場で維持されていた馬群に、明治以降、西洋種の血を入れて改良した品種である。寒冷地で体表面積を減らすため、四肢は短く太い。

R781e　寒立馬と尻屋埼灯台（寒立馬）

2010.11.15.　地方自治法施行60周年記念シリーズ　青森県
R781e　80Yen···120□

【サラブレッド】
早さを追求するために、たった3頭のウマから人類が作りだした品種。ただし、最初の400mに限ればクォーターホース（カナダではカッティングホース）の方が早い。

1983.5.28.　第50回日本ダービー
C952　60Yen··100□

※「第50回日本ダービー」に描かれたウマは、背景が第49回ダービー馬のバンブーアトラス、前面の仔馬は、鈴木慈雄氏*の著作によると、1975年ダービー馬のサクラショウリが初めて産んだ子。

C952　子馬と競走馬（サラブレッド）

1989.10.27.　第100回天皇賞競走
C1266　62Yen·· 100□

※モデルとなったウマはシンザン。鈴木慈雄氏*の著作によると、原画の写真は天皇賞の際に撮影されたものではないため、馬番、ゼッケン、帽色が第52回天皇賞勝利時のものに修正されている。

C1266　五冠馬シンザン（サラブレッド）

（左）C1732g
日本ダービー開始、ワカタカ（サラブレッド）
（右）C1732h
日本ダービー開始、カブトヤマ（サラブレッド）

2000.2.9.　20世紀シリーズ第6集
C1732g-h　各80Yen··120□

（左）C1944
テンポイントとトウショウボーイ（サラブレッド）
（右）C1945
ナリタブライアン（サラブレッド）

2004.5.28.　中央競馬50年
C1944-1945　各80Yen··120□

※C1944は、雑誌「優駿」のアンケートで名レース1位となった第22回有馬記念競走の1着馬と2着馬が、C1945はJRAの「20世紀の名馬100」ファン投票で1位のウマがそれぞれ図案化された。

C2128a　オルフェーヴル　　C2128b　アパパネ

C2128c　ディープインパクト　　C2128d　スティルインラブ

C2128e　ナリタブライアン　　C2128f　メジロラモーヌ

C2128g　シンボリルドルフ　　C2128h　ミスターシービー

C2128i　シンザン　　C2128j　セントライト

2012.10.2.　近代競馬150周年
C2128a-j　各80Yen··120□

＊鈴木慈雄：大学時代は競馬場でアルバイトし、社会人となってからは仕事の合間に馬を追って全国を駆け巡る馬好きで、馬主としても高名。英国で馬術を覚えた祖父、馬術の天才少年として雑誌を飾った父を持つ。著作に「にっぽん！馬三昧」（文芸社）がある。

※C2128は、全てが三冠馬である。三冠馬とは牡馬（ぼば／オス馬）では皐月賞、東京優駿（日本ダービー）、及び菊花賞の3レースを制した馬。牝馬（ひんば／メス馬）では桜花賞、優駿牝馬（オークス）、及び秋華賞（平成7年まではエリザベス女王杯）の3レースを制した馬を指す。

【対州馬（たいしゅうば）】
日本在来馬の1つで体高が125〜135cmと小型。慶長年間に奥州から、明治から昭和15年までに九州から種馬を導入したが、島民が小型馬を希望したため島外輸入をやめ、血統が維持された。

1970.2.25.　壱岐対馬国定公園
P240　15Yen……………50□

P240　浅茅湾と対馬と豆酘（つつ）娘（対州馬）

【御崎馬（みさきうま）】
日本在来馬の一つで、宮崎県都井岬（といみさき）で人為的な管理をほとんど行わず、周年放牧されている。観察研究の結果、御崎馬は1日17〜19時間以上を採食に費やすことなどが判明した。

1991.7.1.　都井岬と野生馬
R106　62Yen……………100□

R106 都井岬と野生馬（御崎馬）

【ウマ　Equus caballus caballus（品種が不明の図案）】

（左）C127　競馬
（右）C197　障害馬術

1948.6.6.　競馬法公布25年
C127　5Yen……………400□
1950.10.28.　第5回国民体育大会
C197　8Yen……………3,600□

1961.10.8.
国際文通週間（1961年）
C346　30Yen………1,500□

C346　東海道五拾三次之内箱根（頸部のみ）
※64§ - コラム参照。

C360　馬術　　C366　近代五種

1963.11.11.　オリンピック東京大会募金（第5次）
C360　5+5Yen……………50□
1964.6.23.　オリンピック東京大会募金（第6次）
C366　5+5Yen……………50□

C422　富嶽三十六景　　C405　相馬野馬追
保土ヶ谷

1964.10.4.　国際文通週間（1964年）
C422　40Yen……………160□
1965.7.16.　お祭りシリーズ
C405　10Yen……………50□

1966.10.6.
国際文通週間（1966年）
C462　50Yen……………200□

C462
富嶽三十六景
隅田川関屋の里

哺乳類

実態が謎に包まれている「ウマ切手」

2L1　郵便ラッパを吹く騎手
1871　サザーランド切手
2L1　1/4Boo……4,000,000□

※額面は1/4Boo（一朱金1枚相当）と1Boo（一分銀1枚相当）の2種類（同図案）。2003年現在、15枚のみ発見されている（1/4Boo：未使用2枚、使用済6枚、1Boo：使用済1枚のみ、1Booを1/4Booに訂正したもの：未使用5枚、使用済1枚）。

1871年（明治4）1月に、横浜居留地でイギリス人のサザーランド（Sutherland）という人物が、東京の築地ホテル館と横浜のアスターハウスホテルの間で手紙や小包を運ぶ、定期馬車輸送の会社を設立した。「サザーランド切手」は、この私営郵便のためにサザーランドが製造し、両ホテルに配備されていた私製の切手。しかし、切手の残存数が少なく、実際に使用された封書や葉書の使用例がないため、その実態は謎に包まれている。切手図案はラッパを吹く騎手だが、このウマの走り方は足の位置に誤りがある。

哺乳類

1968.10.23.
明治百年記念
C524　15Yen ………… 50□

C524　小松鞘音画
「東京御著輦」

C572　東京府下名所
尽 四日市駅逓寮
1970.10.6.
国際文通週間（1970年）
C572　50Yen ……… 130□

C573　馬術競技とキリの花に岩手山
1970.10.10.
第25回国民体育大会
C573　15Yen ……… 50□

1971.10.6.　国際文通週間（1971年）
C593　50Yen ……… 130□

C593　東京鉄道馬車図浅草寺景

C935　永代橋際日本銀行の雪

C615　永代橋之真景（橋の端）

1972.10.9.　国際文通週間（1972年）
C615　50Yen ………………………… 100□

1982.10.12.　中央銀行制度100年
C935　60Yen ………………………… 100□

1985.6.5.　前島密生誕150年
C1050　60Yen ………………… 100□

C1050　「四日市郵便駅逓寮」と前島密

1987.6.23.
奥の細道シリーズ第2集
C1121　60Yen ………………… 100□
[同図案▶C1164小型シート]

C1121　野を横に馬引き
向けよほととぎす

（左）C1197　銀製鍍金狩猟文小壷（右）
（右）C1202　神人車馬画象鏡

1989.1.20.　第3次国宝シリーズ第6集
C1197　60Yen ………………………… 100□

1989.8.15.　第3次国宝シリーズ第8集
C1202　100Yen ……………………… 180□

C1287-1291　厩図屏風 (1)～(5)
(1288,1289,1291は♂)
※C1287-1291のみ、55%縮小

C1292　仔馬（左：幼獣）
1990.6.20.
馬と文化シリーズ第1集
C1287-1291　各62Yen …… 100□
C1292　62Yen ……………… 100□

1990.7.31.
馬と文化シリーズ第2集
C1295　62Yen ………… 100□

C1295　馬

哺乳類

（左）C1296
賀茂競馬文様小袖
（右）C1297
駄髷

1990.9.27.　馬と文化シリーズ第3集
C1296,C1297　各62Yen……………………100☐

C1298-1299
郵便現業絵巻
(1) (2)

C1300　佐野渡硯箱

1991.1.31.　馬と文化シリーズ第4集
C1298-1299,C1300
各62Yen………………100☐

1991.2.19.　古戦場屋島
R91　62Yen…………………………100☐
R91
源平屋島合戦と那須与一

C1301　富嶽三十六景 武州千住
C1302　春暖

1991.2.28.　馬と文化シリーズ第5集
C1301-1302　各62Yen…………………………100☐

1995.1.25.　郵便切手の歩みシリーズ第3集
C1466　80Yen……………………120☐
C1466　明治銀婚5銭と郵便取扱の図

1996.10.1.
名古屋まつりと三人の武将
R199-200
各80Yen………120☐
R199-200
名古屋まつりとテレビ塔

C1602
東海道五十三次　亀山

1997.10.6.　国際文通週間（1997年 110円）
C1602　110Yen…………………………220☐

（左）R240
チャグチャグ馬コと岩手山
（右）R309
相馬野馬追

1998.4.24.　チャグチャグ馬コと岩手山
R240　80Yen……………………120☐
1999.5.14.　東北の夏祭り
R309　80Yen……………………120☐

（左）C1727i
日露戦争(1)
（右）R346
源頼朝

1999.8.23.　20世紀シリーズ第1集
C1727i　80Yen……………………120☐
1999.9.2.　源頼朝
R346　80Yen……………………120☐

C1842
東海道五拾三次之内 大磯

2001.10.5.　国際文通週間（2001年）
C1842　110Yen……………………220☐

哺乳類

(左) C1797g
厳島神社 飾馬

(右) R494
金沢百万石まつり
パレード、加賀
蒔絵

2001.3.23. 第2次世界遺産シリーズ第2集 (厳島神社)
C1797g　80Yen ·· 120□

2001.6.4. 加賀百万石物語
R494　80Yen ··· 120□

2001.7.2. 山梨の風物
R500　50Yen ··· 80□

R500　八ヶ岳高原と馬
(手前左:幼獣、手前右:成獣♀)

2002.10.7. 国際文通週間 (2002年)
C1880　130Yen ·· 260□

C1880
東海道五拾三次之内 戸塚

C1860-1861
賀茂競馬図屏風 (1) (2)

2002.4.19. 切手趣味週間 (2002年)
C1860-1861　各80Yen ··· 120□

C1901
東海道五拾三次之内 川崎

C1902
東海道五拾三次之内 宮

2003.10.6. 国際文通週間 (2003年 90円)
C1901　90Yen ··· 180□
C1902　110Yen ·· 220□

2004.2.5. 北海道遺産 II
R609　80Yen ··· 120□

R609　ワッカ原生花園

R637-638
毛利敬親大名行列錦絵

2004.6.21. 萩開府400年
R637-638　各80Yen ·· 120□

(左) C2000e
マイセン磁器
(サーカスの馬上
の女性像)

(右) C2031c
郵便馬車
積込風景

2005.12.1. 日本におけるドイツ2005/2006記念
C2000e　80Yen ·· 120□

2007.10.1. 民営会社発足記念 (郵政史)
C2031c　80Yen ·· 120□

R702h
名所江戸百景
水道橋駿河臺
(右手 橋の上)

C2005h
熊野参詣道中辺路箸折峠の石仏

2007.3.23. 第3次世界遺産シリーズ第2集 (紀伊山地)
c2005h　80Yen ·· 120□

2007.8.1. 江戸名所と粋の浮世絵シリーズ第1集
R702h　80Yen ·· 120□

58

C2024
東海道五拾三次之内 草津

2007.9.28. 国際文通週間（2007年）
C2024　130Yen……………………………260☐

C2044
東海道五拾三次之内 三島

C2045
東海道五拾三次之内 石部

2008.10.9. 国際文通週間（2008年）
C2044　110Yen……………………………220☐
C2045　130Yen……………………………260☐

2008.11.4.
ふるさと心の風景第3集（冬の風景）
R722e　80Yen……………………………120☐

R722e　胴びき（鳥取県倉吉市）

2008.11.7.
慶應義塾創立
150年記念
C2047g-j
各80Yen
　………………120☐

C2047g-j
三田キャンパス図
書館旧館内の大
ステンドグラス
(1)～(4)

2008.12.8. 地方自治法施行
60周年記念シリーズ 島根県
R725b　80Yen……………………………120☐

R725b　国賀海岸

C2066
東海道五拾三次之内 奥津

C2067
東海道五拾三次之内 池鯉鮒

2009.10.9. 国際文通週間（2009年）
C2066　110Yen……………………………220☐
C2067　130Yen……………………………260☐

（上左）C2296a
旅の絵本Ⅷ・
場面14

（上右）C2296g
旅の絵本・
場面15

（下右）C2296i
旅の絵本Ⅳ・
場面11

（下左）
C2296h
旅の絵本Ⅲ・
場面10

2016.11.25.
童画のノスタルジー
シリーズ第4集
C2296a,g-i　各82Yen
　………………120☐

哺乳類

59

哺乳類

（左）R776a
名所江戸百景
するがてふ（中央）

（右）R776i
名所江戸百景
上野山した

2010.8.2. 江戸名所と粋の浮世絵
シリーズ第4集
R776a,i 各80Yen……………………120□

R778c 馬術
2010.9.24. 第65回
国民体育大会（千葉県）
R778c 50Yen………80□

C2091d-e
シュヴェリーン城
（中央）

2011.1.24
日独交流150周年
C2091b,d-e 各80Yen
………………120□

2011.4.20. 切手趣味週間・
郵便創業百四十周年
C2094c 80Yen…………120□

C2094c 東京開華名所図之内
四日市郵便駅逓寮

R788c-d 博多どんたく博多
松ばやし

2011.4.4. ふるさとの祭第6集（博多どんたく）
R788c-d 各50Yen……………………………80□

C2099c
冨嶽三十六
景 東海道
保土ヶ谷

C2099g
冨嶽三十六
景 隅田川
関屋の里

C2099j
冨嶽三十六
景 武州千住

2011.7.28. 日本国際切手展2011（タブ付）
C2099c,g,j 各80Yen……………………150□

C2098e 国民体育大会
2011.7.8.
日本のスポーツ100年
C2098e 80Yen……120□

R817a 鶴岡八幡宮と流鏑馬
2012.7.13.
地方自治法施行60周年
記念シリーズ 神奈川県
R817a 80Yen…………120□

C2154
東海道五拾三次之内 石薬師

2013.10.9. 国際文通週間（2013年）
C2154 130Yen……………………………260□

2013.5.15.
地方自治法施行60周年
記念シリーズ　宮城県
R832a　80Yen…………120☐

R832a　伊達政宗と
慶長遣欧使節船

C2193　東海道五拾三次之内
袋井（中央遠景）

2014.10.9.　国際文通週間（2014年）
C2193　130Yen……………………260☐

C2230
東海道五拾三次之内 吉原

C2232
東海道五拾三次之内 藤川

2015.10.9.　国際文通週間（2015年）
C2230　90Yen……………………180☐
C2232　130Yen……………………260☐

2015.11.5.　津波防災の日制定
C2238　82Yen……………150☐

C2238　「稲むらの火」の
逸話に登場する広村堤防

C2286
東海道五拾三次之内 藤枝

2016.10.7.　国際文通週間（2016年）
C2286　110Yen……………………220☐

2016.4.20.　切手趣味週間
C2257a-j　82Yen…………………120☐
※「上杉本洛中洛外図屏風」右隻。62～63㌻コラム参照。

2016.4.8.　伊勢志摩サミット
　　　　　（関係閣僚会合シート）
C2256h　82Yen…………………120☐

C2256h　仙台城址

C2333
東海道五拾三次之内 府中

C2335
東海道五拾三次之内 嶋田

2017.10.6.
国際文通週間（2017年）
C2333　90Yen……………………180☐
C2335　130Yen……………………260☐

2017.4.14.
My旅切手シリーズ第2集（82円）
C2311c　82Yen…………………120☐

C2311c　流鏑馬
※このウマの走り方は、足の位置
に誤りがある。

C2388c-d
横浜郵便局
開業之図（郵便
報知新聞第557号）
(1) (2)

C2388g-h
東京名所之内 銀座
通煉瓦造鉄道馬車
往復図 (1) (2)

2018.10.23.
明治150年
C2388c-d,g-h
各82Yen……一☐

哺乳類

哺乳類

ウマは全部で19頭！「洛中洛外図屏風」に描かれた、桃山時代の生活風俗と馬たち

2016.4.20. 切手趣味週間
C2257　820Yenシート‥1,600□

切手趣味週間

数ある洛中洛外図屏風の中でも、米沢藩上杉家に伝わる上杉家本はいきいきと描かれた庶民の暮らしぶり、詳細な祇園祭巡行の描写など、史料価値は計り知れない。祇園祭に着目すれば、長刀鉾、蟷螂山（136㌻参照）、傘鉾、函谷鉾、白楽天山、鶏鉾、岩戸山、舩鉾が描かれている。祇園祭の見送幕などの装飾は、劣化すると新調され、意匠も変わりゆくので、当時のデザインを知ることができ興味深い。函谷鉾と鶏鉾の見送幕にはトラが使われており、鶏鉾はトラの毛皮をそのまま飾っているように見える（24㌻参照）。

Ａ：交通の要衝・蓼倉の茶屋に集まる人々と馬。④はオス。武士には気性の荒いオス馬が好まれたため、左に見るような噛み合いが起こった。
Ｂ：神輿渡御の行列。橋を渡る神輿を騎乗した人々が先導する。
Ｃ：鴨川にかかる五条橋のたもとを行く武士と従者たち。

※切手では潰れているため採録していないが、茶屋の中にはウシも飼われている。

62　【拡大部分の写真は「上杉本 洛中洛外図屏風」右隻より／提供：米沢市（上杉博物館）】

哺乳類

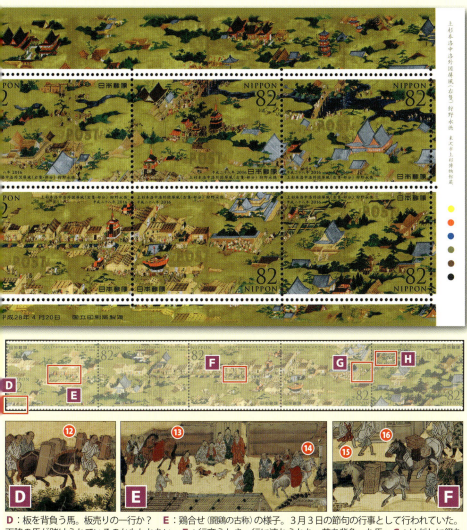

D：板を背負う馬。板売りの一行か？　**E**：鶏合せ（闘鶏の古称）の様子。3月3日の節句の行事として行われていた。両脇の馬が賭けられているのかもしれない。**F**：行商らしき一行に連れられた、荷を背負った馬。**G**：はだしに鐙なしで、ひざを曲げ脚の巧みな加減でウマをこともなげに乗りこなしている。**H**：玉津島神社に奉納される神馬の白馬（あおうま）。こちら⑲もオス。なお、日露戦争頃まで軍馬には未去勢馬が好まれたが、メスがいると制御不能になるため以降は去勢された。

目打部分が白地になっていて、切手では見えないが、武家の女性が馬に乗って出かける場面（上）や米屋の荷馬（中）、2人の武士が馬で連れ立っている場面（下）も描かれている。

※切手シートは原寸の90%

63

哺乳類

C2384
東海道五拾三次之内 見附

2018.10.9. 国際文通週間（2018年）
C2384　110Yen……………………………………—□

2016.5.11.
地方自治法施行60周年
記念シリーズ 福島県
R870d　82Yen………………150□

R870d
大堀相馬焼

1990.10.9.
心のふるさと飛騨（62円）
R85　62Yen……………………120□

[同図案
▶R170・R761a
80Yen]

R85
秋の高山まつり
（中央）

2007.5.23.　2007年日印交流年
C2018e　80Yen……………………120□

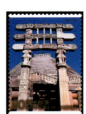

C2018e
サーンチー仏教
遺跡（左上）

※インド・ボー
パールの東北に
位置するサー
ンチー村にあるインド最古の仏教遺跡で、アショーカ
王の仏塔（ストゥーパ／奥の建物）が有名。切手は第1仏
塔の東西南北に配された塔門のひとつ、南門。

2011.8.1.
江戸名所と粋の浮世絵シリーズ
第5集
R797i　80Yen……………………120□

R797i　名所江戸百景
目黒爺々が茶屋（中央）

2017.8.18.
和の文様シリーズ第3集（62円）
C2324d　62Yen……………………100□

C2324d　九頭馬文様

切手に見る物流 〜ウマく運びます〜

　1601年の宿駅伝馬制度により、それまでの伝馬制が整備され、街道の駅ごとに替え馬が常備された。「東海道五拾三次之内 藤枝」（C2286）には、「人馬継立（じんばつぎたて）」という画題の続きがあり、馬と人夫が交替する様子と、それを壇状から確認する役人が描かれている。このように東海道での輸送には53回の継ぎ替えをすることから、五十三次と言われるようになった。

　ゆえに険しい道もウマ連れで踏破する必要があり、「箱根」（C346）では渓谷を進む一行の中にウマの頸部のみを見ることができる。「奥津」（C2066）でウマが力士と思しき人物を運んでいるように、日本在来馬は丈夫で重量のある荷を運搬できた。

　また、日本ではウシやウマにわらじを履かせる慣習があった。「吉原」（C2230）ではウマがわらじ（馬沓（うまぐつ）という）を履き、予備のわらじ（矢印の部分）をぶら下げている様子が描かれている。これは石で舗装された西洋の道とは異なり、雨が多く土がぬかるむことも多い我が国では蹄鉄よりも合理的で、材料の稲藁の入手や作り方が容易であったためである。

　なお、車輪を使う馬車が普及しなかったのも同じ道路事情による。重量物を台車で運搬する際は、「大津」（C1903）に見るように、ぬかるみに強く足の折れにくいウシを用いたのであろう。

C2286
藤枝

C346
箱根
（頸部のみ）

※切手は原寸の60％。

C2066
奥津

C2230
吉原

C1903
東海道五拾三次之内　大津

【拡大部分の写真提供：国立国会図書館】

第 2 部

ホントウアカヒゲ（93ページに掲載）

鳥　類

鳥類 Aves

野鳥・脊索動物門・鳥綱

鳥類の分類は、1990年代から始まったDNA解析の進展により見直されている最中であり、本書の分類も10年後には変わっている可能性がある。

キジ目　Galliformes

ラテン語の gallus（ガッルス）には雄鶏とガリア人の2つの意味がある。ガリア人の末裔フランスの象徴が雄鶏なのはここから。目名はgalllus（雄鶏）＋form（形・種類）で、鳥の目名は全てformesがつく。

鳥類が消える日 ～鳥類は恐竜!?～

相次ぐ羽毛を持つ恐竜の発見や、恐竜の化石の微細構造分析から、鳥類と獣脚類（爬虫綱恐竜上目竜盤目獣脚亜目）は同じグループであることが確定してしまった。今のところ、鳥類だけを獣脚類から分けて独立群とする違いは何一つ無い。また、恐竜に鳥が含まれる以上、恐竜図鑑には鳥を載せねばならない。恐竜図鑑を買って9割以上が鳥だったら、「サギか！」と思うかもしれない。ただしそこがサギ科のページなら何も問題はない。

キジ科　Phasianidae

科名はギリシャ語のphasianos（キジ）で、この語は古代グルジア人の国Colchis（コルキス）にあったPhasia（ファシア）川が語源。オスはメスより派手な色彩で敵を引きつけ、地味なメスが卵を抱いて繁殖する。

【ライチョウ　*Lagopus muta japonica*】

ライチョウ（*Lagopus muta*）は北半球亜寒帯地方に広く分布する。日本の亜種（*L. m. japonica*）は温帯の高山帯（冬季は亜高山帯にも降りる）に取り残された遺残種の群で、ライチョウ分布の南限になる。

C391　ライチョウ（♂夏羽）
1963.8.10.　鳥シリーズ
C391　10Yen……………………50□

（左）R86 ライチョウ（右：♂、左：♀）

（右）R794c ライチョウ（♂夏羽）

1990.10.9.　心のふるさと飛騨（62円）
R86　62Yen……………………120□
［同図案▶R171・R761b 80Yen］

2011.6.15.　地方自治法施行60周年記念シリーズ　富山県
R794c　80Yen……………………120□

R829a　ライチョウ（♂冬羽）

2013.4.16.　旅の風景シリーズ第17集（立山黒部）
R829a　80Yen……………………120□

C2173b　ライチョウ（♂夏羽）　C2280a　ライチョウ（♂夏羽）

2014.5.15.　自然との共生シリーズ第4集
C2173b　82Yen……………………120□

2016.9.23.　天然記念物シリーズ第1集
C2280a　82Yen……………………120□

【ヤマドリ　*Syrmaticus soemmerringii*】

日本固有種であるヤマドリは、外見から5亜種に分けられているが、中間的な個体がいることや、他地域の別亜種が放鳥され交雑した疑いがある等の理由で、今後、亜種が見直される可能性もある。

C799　山鳥図（♂）

378　　　　　430（参考）
ヤマドリ（♂）

1965.12.1.　第3次動植物国宝切手
378　80Yen……………………250□
［同図案▶新動植物国宝430］

1978.10.6.　国際文通週間（1978年）
C799　100Yen……………………160□

【ニホンキジ　*Phasianus versicolor*】
ニホンキジはコウライキジ（*Phasianus colchicus*）の別亜種とされることもある。コウライキジは世界中でキジ撃ち用に放鳥された。コウライキジは首に白い輪があるが、ニホンキジとの雑種では不明瞭なことあり。

A6　キジ(♂)

1950.1.10.　キジ航空 16円
A6　16Yen………6,500□
[同図案 ▶ A7-10]

1990.10.5.　国際文通週間（1990年・鳥獣人物戯画）
C1313　120Yen………………………………190□
※「鳥獣人物戯画」については、11ｐのコラム参照。

（左）R695c
キジと岡山後楽園
（手前：♂、奥：♀）
（右）C2116a
湯女（左隻）
（♂）

2007.5.1.　中国5県の鳥
R695c　80Yen………………………………120□

2012.6.1.　東京国立近代美術館開館60周年・京都50周年
C2116a　80Yen………………………………120□

G162d
流れ行く山の季節（部分）(♂)

2017.6.7.　日本の絵画
G162d　82Yen………………………………120□

※下記、桃太郎のニホンキジは、12ｐのコラム参照。

2008.2.22.　アニメ・ヒーロー・ヒロインシリーズ第7集
C1978g　80Yen………………………………120□

2013.10.4.　地方自治法施行60周年記念シリーズ　岡山県
R841c　80Yen………………………………120□

カモ目　Anseriformes

目名はラテン語のanser（雁）＋form（形・種類）から。カモ科と南米に生息するサケビドリ科からなる。飛ぶときに首を伸ばし、鼻中隔はなく左右の鼻孔が相通じているのがカモ目に共通する特徴。

カモ科　Anatidae

科名はラテン語anatis（鴨の）にちなむ。オスはメスより派手な種がいるが、非繁殖期のオスは地味な色となり、これをエクリプス（ギリシャ語ekleipsis（消失）に由来）と呼ぶ。

【カモ科の1種　Anatidae sp.】

C1734i
誰か故郷を
想わざる

2000.3.23.　20世紀シリーズ第8集
C1734i　80Yen………………………………120□

C2235e
漆胡瓶（胴の上部）

2015.10.16.　正倉院の宝物シリーズ第2集
C2235e　82Yen………………………………120□

C2289e
漆金薄絵箱（胴の上部）

2016.10.21.　正倉院の宝物シリーズ第3集
C2289e　82Yen………………………………120□

【ガン（マガン属の1種）　*Anser sp.*】

C1476　月に雁(1)　　C1477　月に雁(2)
C173　月に雁

1949.11.1.　切手趣味週間（1949年）
C173　8Yen…………………………………13,000□

1996.6.3.　郵便切手の歩みシリーズ第6集
C1476,1477　各80Yen………………………120□

（左）R742e
名所江戸百景 月
の岬（左上遠景）

2009.8.3.　江戸名所と
粋の浮世絵シリーズ第3集
R742e　80Yen………………………………120□

（右）R776e　名所江戸百景
浅草田甫酉の町詣（遠景空）

2010.8.2.　江戸名所と粋の浮世絵シリーズ第4集
R776e　80Yen ·· 120□

【マガン　*Anser albifrons*】

286　初雁（上：白化個体？　下：通常色）

1946.9.15.　第1次新昭和切手
286　1.30Yen ·· 800□
　［同図案▶303 4Yen, 326 4Yen］

――――― マガンの白化個体？ ―――――

286の上の鳥に該当する種は存在しないが、下に描かれたマガンと群れていることからマガンの白化個体の可能性が高い。ハクガンとする本もあるが、ハクガンは初列風切が黒く、その黒は静止時より飛行時に目立つことから、北斎が書き落とすとは思えない。

弟子泰斗による北斎「花伝書初編・青芦鴈」の模写。国立国会図書館蔵。

【マガン　*Anser albifrons albifrons*】

属名のanserはラテン語で雁のこと。種名はラテン語のalbus（白い）＋frons（額）で、マガンの白い額を指す。先端の個体が交替しながらV字型の編隊飛行、いわゆる雁行をする。

C1498　観楓図屏風

C1364　マガン（左上遠景）

1993.3.31.　水辺の鳥シリーズ第7集
C1364　62Yen ······· 100□

1994.11.8.　平安建都1200年記念
C1498　80Yen ········· 120□

【シジュウカラガン　*Branta hutchinsii leucopareia*】
　　　　　　　　　（学名変更：旧種名*canadensis*）

絶滅の危機にあったが、仙台市の八木山動物公園が繁殖させた個体を、保護団体・ロシアと協同でエカルマ島（千島）にて13回551羽放鳥したことで、国内に5,000羽強が飛来するまでに回復した。

C961　シジュウカラガン

1983.11.25.　特殊鳥類シリーズ第2集
C961　60Yen ············ 100□

【コハクチョウ　*Cygnus columbianus*】

渡来数はオオハクチョウより少ないが、北海道から九州まで広くで見られる。昔はコハクチョウをただハクチョウと呼んでいたので、近代以前の文献にあたる際は注意。

（左）R84　伊豆沼とハクチョウ
（右）R695b　ハクチョウと松江城

1990.10.1.　伊豆沼と白鳥（宮城県）
R84　62Yen ·· 100□
2007.5.1.　中国5県の鳥
R695b　80Yen ······································ 120□

G55d　白鳥とブーケ

2012.2.1.　春のグリーティング
（2012年 サクラ）
G55d　50Yen ·········· 80□

【オオハクチョウ　*Cygnus cygnus*】

北緯50度～70度の高緯度で繁殖し、主に東北地方に越冬のため飛来する。子は灰色でいわゆる"みにくいアヒルの子"の色で、全身余すことなく白色になるのは3年目である。

C1358　オオハクチョウ

1992.3.25.　水辺の鳥シリーズ第4集
C1358　62Yen ············ 100□

【オシドリ　*Aix galericulata*】

メスは樹洞内の巣から日に2回食事に出る。オスは営巣木周辺にいて、メスの採餌に付添う。おしどり夫婦の言葉とは裏腹に、抱卵期間中にオスは付添いをやめ、番（つがい）を解消する。

356　オシドリ　（手前：♂、奥：♀）

1955.9.10.　第2次動植物国宝切手
356　5Yen ··40□ ［同図案▶370コイル］

C664 愛染 (上：♂、下：♀)　　　　　　　　C767 花鳥図 (手前：♂、奥：♀)

1974.10.1.　第61回列国議会同盟会議 (50円)
C664　50Yen ··· 100□
1977.10.6.　国際文通週間 (1977年)
C767　100Yen ·· 150□

（左）C1025
一位一刀彫(2)
(手前：♀、奥：♂)

（右）517
オシドリ (♂)

1985.5.23.　第1次伝統的工芸品シリーズ第3集
C1025　60Yen ·· 100□
1992.11.30.　平成切手・1994年シリーズ
517　41Yen ·· 110□

（左）C1682　動植綵絵・雪中鴛鴦
図、オシドリ (♂)

（右）C1801g　本願寺・書
院(右下)(左：♂、右：♀)

1998.10.6.
国際文通週間 (1998年 110円)
C1682　110Yen ··· 220□
2002.2.22.
第2次世界遺産シリーズ第6集 (京都4)
C1801g　80Yen ·· 120□

C1834h　　　R695a　オシドリと　　650　オシドリ (♂)
オシドリ (♂)　　大山 (右：♂、左：♀)

2001.8.1.　日本国際切手展2001 (シール式)
C1834h　50Yen ··· 80□
2007.5.1.　中国5県の鳥
R695a　80Yen ·· 120□
2007.10.1.　平成切手
650　50Yen ······················· 150□ [同図案 ▶650a]

C2041e-f
鴛鴦に牡丹、
鴛鴦に桜、
(左の切手
：♀、右の
切手：♂)

2008.8.12.　日中平和友好条約30周年記念
C2041e-f　各80Yen ·· 120□

········ カモと月食 (エクリプス) ········

通常、鳥の換羽は繁殖期後の年1回だが、カモやキジの中には年2回換羽する種類がある (ライチョウでは年3回)。カモのオスの非繁殖期の夏羽は、メスに似た鈍い色の羽毛で、これをエクリプスと呼ぶ (エクリプスはギリシャ語 ekleipsis で消失するの意)。

オシドリのエクリプス

【写真提供：岡安 武】

（右）C2289a
赤地鴛鴦唐草文
錦大幡脚端飾
(♂)

（左）C2137j
四季花鳥図屏風 (手前：♂、
奥：♀)

2013.4.19.　切手趣味週間 (2013年)
C2137j　80Yen ·· 120□
2016.10.21.　正倉院の宝物シリーズ第3集
C2289a　82Yen ··· 120□

C2325c
鴛鴦文様 (左：♂、右：♀)

2017.8.18.　和の文様シリーズ第2集 (82円)
C2325c　82Yen ··· 120□

【ヒドリガモ　Anas penelope】

オスは頭部が赤栗色で額のクリーム色が目立ち、カモの中でも見分けやすい。我が国の海岸や海に近い水辺で普通に見られる冬鳥。海藻を好んで食べる。

R458　雪の好文亭

2001.2.1.　偕楽園
R458　50Yen ···80□
[同図案 ▶R458A小型シート]

69

【マガモ　*Anas platyrhynchos*】

冬羽のオスは美しい金属光沢のある緑黒色の頭を持つ。この頭の色は光線の当たり具合で様々な色に見える。エクリプスのオスはメスに似るが、オスは嘴が黄色いことで区別できる。

G132c　小鴨色(♂冬羽)

2016.8.5.　ライフ・伝統色
G132c　82Yen･････････････････････120□

C2284　雪中芦に鴨(♂冬羽)

2016.10.7.　国際文通週間(2016年)
C2284　70Yen･････････････････････130□

【カルガモ　*Anas zonorhyncha*】

多くのカモは北国へ渡って繁殖するが、カルガモは留鳥で全国的に繁殖するので、よく子鴨の行進がニュースになる。カモ類は、孵化後間もなく歩いたり泳いだりできる早成生。

523　カルガモ

1994.1.13..　平成切手・1994年シリーズ
523　90Yen･････････････････････････200□

(左) R428
やさしいまち東京

(右) C2137i
四季花鳥図屏風
(下)

2000.9.29.
やさしいまち東京
R428　80Yen･････････････････････120□

2013.4.19.　切手趣味週間 (2013年)
C2137i　80Yen････････････････････120□

【トモエガモ　*Anas formosa*】

気品のある美しいカモ。和名は顔に巴模様があるから。ラテン語のformosaは美しい、の意。普通、繁殖羽衣の2羽は雌雄を描くものと思うが、C1366の図案では2羽とも♂である。

(左) C1366
トモエガモ
(♂)

(右) R481
トモエガモ
(♂)

1993.5.25.　水辺の鳥シリーズ第8集
C1366　62Yen････････････････････100□

2001.5.25.　21世紀未来博覧会(山口きらら博)
R481　50Yen･････････････････････80□

アビ目　Gaviiformes

形態からカイツブリ目に類縁とされていたが、DNA解析で、ペンギン目やミズナギドリ目に近縁でカイツブリとは別系統と判明。形態の類似は水生に適応した収斂進化であった。

アビ科　Gaviidae

科名はラテン語のgavia（カモメ）から。北半球のツンドラやタイガ帯にある湖沼で繁殖する。主食は魚。潜水がとくいで、200〜250mもの距離を一息に潜って進める。

【アビ　*Gavia stellata*】

R695d
アビとアビ渡来群遊海面の風景
(奥：夏羽)

2007.5.1.　中国5県の鳥
R695d　80Yen････････････････････120□

ペンギン目　Sphenisciformes

spheniscusはギリシャ語sphēn（楔）の縮小辞（小さいことを表す接尾語）で小さな楔（くさび）の意で、ペンギンの泳ぐ姿が楔型だから。ペンギンは南極の動物と思われがちだが、赤道直下のガラパゴスから寒流の流れる温帯の沿岸部にも生息し、南半球に広く分布する。

ペンギン科　Spheniscidae

鳥類は一般に軽量化された含気骨(がんきこつ)を持つが、ペンギンは重く緻密な骨を持つ。肘から先の関節は可動域が狭く、翼が櫂状の一枚の板（フリッパーという）になっており、飼育時に叩かれるとかなり痛い。

【オウサマペンギン　*Aptenodytes patagonicus*】

雛は孵化後急速に成長し、茶色の長毛で覆われて親よりも大きく見える。4〜5月の真冬を乗り切るため、脂肪を蓄えているのである。11月の春までに雛の体重は半減してしまう。

C919
ライオンとペンギン

1982.3.20.　動物園100年
C919　60Yen･････････････････････100□

······· ペンギン大国日本 ·······

遠洋捕鯨が盛んなりし頃、船員は捕鯨船に飛び込むなどしたペンギンを、ペットにして航海中の気晴らしとしていた。帰港するとペンギンを動物園や水族館に寄付したので、それをもとに飼育・繁殖技術が磨かれ日本は世界有数のペンギン飼育大国となった。

R784b
ペンギンの散歩

2011.2.1. 旅の風景シリーズ第11集（北海道）
R784b　80Yen················· 120□

C2320a　　　　C2320c　　　　C2320e
海とペンギン（1）海とペンギン（3）海とペンギン（5）
　　　　　　　　　　　　　　　（下）

C2320h　　　　C2320i　　　　C2320j
海とペンギン（8）海とペンギン（9）海とペンギン（10）
（上：頭部）　　（下：胴部）

2017.7.5.　海のいきものシリーズ第1集
C2320a,c,e, h-j　各82Yen················· 120□

【コウテイペンギン　Apteonodytes forsteri】
南極にだけ住むペンギンは本種とアデリーペンギンの2種のみ。オウサマペンギンより大きいが、絵で見分けるには首の黒い模様が胸側で繋がっているか離れているかが鑑別点。

C265
IGYマークに南極観測船「宗谷」
とコウテイペンギン

1957.7.1.　国際地球観測年
C265　10Yen················· 40□

C2014c-d
コウテイペンギン
(1)(2)

2007.1.23.
南極地域観測事業開始50周年
C2014c-d
各80Yen··········
················· 120□

C2015e
コウテイペンギン

2007.1.23.　南極地域観測事業開始50周年(シール式)
C2015e　80Yen················· 120□

C2015h　　　　　　　　　C2015i
コウテイペンギン（雛）　コウテイペンギン（親子）

2007.1.23.　南極地域観測事業開始50周年（シール式）
C2015h, i　各80Yen················· 120□

C2096e
コウテイペンギン

2011.6.23.　南極条約発効50周年
C2096e　80Yen················· 120□

【ジェンツーペンギン　Pygoscelis papua】
ペンギン中で最も速く泳げる種。春先の繁殖期には卵が雪解け水に浸からないよう石や草等を積んで巣とし、腹ばいで卵を暖める。雛は2カ月で成鳥サイズになる。

　　　　　　　　C2148d　　　　C2320f
　　　　　　　ジェンツーペン　海とペンギン（6）
　　　　　　　ギン（手前：雛、
　　　　　　　奥：成鳥）
C2096d
ジェンツーペンギン

2011.6.23.　南極条約発効50周年
C2096d　80Yen················· 120□
2013.9.20.　ほっとする動物シリーズ第1集（52円）
C2148d　50Yen················· 100□
2017.7.5.　海のいきものシリーズ第1集
C2320f　82Yen················· 120□

【アデリーペンギン　Pygoscelis adeliae】
意外にも白黒のツートンカラーの（足の色を除く）ペンギンは本種だけで、白いアイリングがとてもキュートな種。雪のない海岸で石を積んで巣を作るが、石の数は限られ、コロニーをつくって1ヵ所で集団繁殖するので奪い合いになる。ヒナは灰色。

C588
アデリーペンギン

1971.6.23.　南極条約10周年
C588　15Yen················· 40□

鳥類

71

C968
観測船「しらせ」とペンギンとオーロラ

1983.11.14. 南極観測船「しらせ」就航
C968　60Yen ················· 100☐

C2014e-f
観測船宗谷とアデリーペンギン　アデリーペンギン

2007.1.23.　南極地域観測事業開始50周年
C2014e-f　各80Yen ················· 120☐

（左）C2015f アデリーペンギン
（右）C2061d アデリーペンギン

2007.1.23.　南極地域観測事業開始50周年（シール式）集
C2015f　80Yen ················· 120☐
2009.6.30.　南極・北極の極地保護
C2061d　80Yen ················· 120☐

（左）C2096b アデリーペンギン
（右）C2320b 海とペンギン（2）

2011.6.23.　南極条約発効50周年
C2096b　80Yen ················· 120☐
2017.7.5.　海のいきものシリーズ第1集
C2320b　82Yen ················· 120☐

【ヒゲペンギン　Pygoscelis antarcticus】

種名antarcticusはギリシャ語でanti（反対の）＋arkticos（北）から南極の意。北の語源は夜空におおぐま座がいるからで、クマarktosが由来。ヒゲはあご下の模様から。英語ではChinstrap（あごひも）Penguin。

C2096c　ヒゲペンギン

2011.6.23.　南極条約発効50周年
C2096c　80Yen ················· 120☐

【マカロニペンギン　Eudyptes chrysolophus】

18世紀末イタリアに旅行した英国の若者がロンドンでマカロニ風というファッションをはやらせた。マカロニペンギンの語源は、その髪型と本種の冠羽が似ているから。

C2096f　マカロニペンギン

2011.6.23.　南極条約発効50周年
C2096f　80Yen ················· 120☐

【ケープペンギン　Spheniscus demersus】

C2320g　海とペンギン（7）

2017.7.5.　海のいきものシリーズ第1集
C2320g　82Yen ················· 120☐

【マゼランペンギン　Spheniscus magellanicus】

C2320i　海とペンギン（9）（上）

2017.7.5.　海のいきものシリーズ第1集
C2320i　82Yen ················· 120☐

ミズナギドリ目　Procellariiformes

科名はラテン語のprocella（暴風）にちなみ、荒天時の風に好んで乗り、大きな翼で風を巧みにつかみ帆翔して体力を節約するから。繁殖時以外は海上で暮らす。

アホウドリ科　Diomedeidae

種によっては翼の開長が3.5mを超える大型の鳥。帆翔飛行が巧みで、羽ばたかずに長時間飛び続けられる。ゴルフのアルバトロス（アホウドリの意）はこの見事な長距離飛行から。

【アホウドリ　Phoebastria albatrus】

C680　アホウドリ

1975.1.16.　自然保護シリーズ（第2集 鳥類）
C680　20Yen ················· 40☐

····· アホウドリの雛 ·····

【参考】沖縄切手1972年・海洋シリーズより、海鳥。50%

アホウドリの若鳥

繁殖地の鳥島では、噴火の恐れから、繁殖地分散が行われた。参加した獣医師に聞くと、雛は親の運ぶ高カロリーの脂肪酸を持つ魚で急速に体重を増すので、水分が多くぶよぶよで、骨が弱く、持ち運びに苦労したとのこと。

ミズナギドリ科　Procellariidae

和名は海面すれすれに水を薙ぐように飛ぶから。胴体に比して長く大面積の翼を持ち、水面近くで生じる地面効果により大きな揚力を得て、効率的に長距離を帆翔できる。

【オオミズナギドリ　*Calonectris leucomelas*】

C1360　オオミズナギドリ

1992.8.31.　水辺の鳥シリーズ第5集
C1360　62Yen…………100□

カイツブリ目　Podicipediformes

短い翼と足ヒレのような弁足を持ち水深6mまでの深さに潜水して魚や昆虫を食べる。水中では素早いが、足の位置と形から陸上で歩くのは不得手で、飛行力もさほど無い。

カイツブリ科　Podicipedidae

カイツブリの和名は水を掻きつぶる(潜る)ことから。古名を鳰(にお)といい、琵琶湖を鳰の海というのはここから。腐りかけの水草(発酵熱を利用)を集めて浮き巣を作る。

【カイツブリ　*Tachybaptus ruficollis*】

滋賀県の県鳥。カイツブリ目で最小の鳥。R804a図案のように幼鳥を背に乗せて移動するのは、魚類やサギ類の捕食から守るため。

C1355
カイツブリ (夏羽)

R804a　琵琶湖とカイツブリと浮御堂(左:幼鳥、中央:成鳥夏羽、背の上:幼鳥)

1991.9.27.　水辺の鳥シリーズ第2集
C1355　62Yen……………………………100□
2011.10.14.
地方自治法施行60周年記念シリーズ　滋賀県
R804a　80Yen……………………………120□

フラミンゴ目　Phoenicopteriformes

我が国では古くフラミンゴを紅鶴とも呼んでいたが、系統上はツルよりもカイツブリに近い。科名はギリシャ語でphoenico(深紅の)+pteron(翼)+form(形・種類)で深紅の翼の鳥の意。

フラミンゴ科　Phoenicopteridae

嗉囊から赤いミルクを分泌し子に飲ませる。孵化時の雛は灰色だが、ミルクを飲むと徐々に赤くなり、親は色褪せてゆく。この赤は甲殻類等に含まれるカンタキサンチンの色。

【ベニイロフラミンゴ　*Phoenicopterus ruber*】

フラミンゴ目最大の種。赤いほど繁殖成績が良く、動物園では繁殖期前にカンタキサンチン添加飼料を与える(鮭鱒の養殖場や鶏卵でも肉・卵の赤色強化に飼料へ添加可能)。

C918　ゴリラとフラミンゴ

1982.3.20.　動物園100年
C918　60Yen……………100□

【フラミンゴ属の1種　*Phoenicopterus sp.*】

C2370b　フラミンゴ

2018.7.27.
動物シリーズ第1集(62円)
C2370b　62Yen……………………—□

鳥に学ぶ

500系新幹線(C2233g)の開発者仲津英治氏は愛鳥家で、トンネル突入時の騒音を減らすため、カワセミが水に飛び込む様子からカワセミ頭部に似たデザインに辿りついた。翼の先が反った飛行機(C2082d)はC1792の鳥(80〒)が翼の先を反らすのをまねて空気抵抗を減らしている。

＊原寸の50%

C2233g　500系新幹線

C2082d　B747-400

コウノトリ目　Ciconiiformes

科名はラテン語のciconia(コウノトリ)+form(形・種類)から。以前はフラミンゴ科やシュモクドリ科も含まれていたが、それぞれ目として独立した。サギ科とトキ科はペリカン目に移った。

コウノトリ科　Ciconiidae

定番のツルが松にとまる図は誤り。日本のツルは後趾が小さく前趾より上についているので、枝を握ることができない。樹上にとまるコウノトリと取り違えたか、意図的な差替えである。

【シュバシコウ　*Ciconia ciconia*】

嘴が赤いのは朱嘴鸛(シュバシコウ、別名ヨーロッパコウノトリ)であり、ヨーロッパで赤ん坊を運んでくるコウノトリはこちらである。

C1952c　コウノトリ

2004.7.23.
ふみの日(2004年　80円)
C1952c　80Yen……………120□

ゾウとコウノトリ

C1752 ゾウとコウノトリ
1999.10.1. 国際高齢者年
C1752　80Yen ……………………… 150□

ゾウは高齢の象徴、コウノトリは次世代の象徴だが、ヨーロッパで赤ん坊を運んでくるコウノトリはシュバシコウ（朱嘴鸛、別名ヨーロッパコウノトリ）(*Ciconia ciconia*) で嘴は赤いのが正しい。シュバシコウはアフリカへ渡るのでゾウとツーショットが撮れる。

【ニホンコウノトリ　*Ciconia boyciana*】

日本では1971年に最後の野生個体が死亡したが、コウノトリの郷公園、周辺農家ら関係者の努力で、2005年に野外再導入に成功した。

（左）C393 コウノトリ
（右）C1450 コウノトリとノジギクにクスノキ

1964.1.10.　鳥シリーズ
C393　10Yen ……………………… 50□

※C393の図案にあるような、かつてコウノトリが巣台としていたアカマツの大木は戦時中に松根油を取るため伐採されたため、今は人工巣塔や、電柱に好んで巣をかけている。

1994.5.20.　国土緑化（1994年）
C1450　50Yen ……………………… 100□

（左）R149 辰鼓櫓とコウノトリ
（右）R666 コウノトリ野生復帰

1994.6.23.　辰鼓櫓と但馬の祭典
R149　50Yen ……………………… 80□

2005.6.6.　コウノトリ野生復帰
R666　80Yen ……………………… 120□

※2005年に初めて放鳥されたコウノトリ5羽のうち2羽は大阪市天王寺動物園産まれ。コウノトリの郷公園（豊岡市）の訓練で選抜され、野外での繁殖にも成功したメス2羽。

R825a　コウノトリと姫路城

2013.1.15.
地方自治法施行60周年記念シリーズ　兵庫県
R825a　80Yen ……………………… 120□

ペリカン目　Pelecaniformes

以前は全蹼足（ぜんぼくそく）（四本の指に水かきがある足）の鳥が全て含まれていたが、DNA解析の結果、これらは別系統の鳥で、海上生活に適応した収斂進化の結果、似た足になったことが判明した。

トキ科　Threskiornithidae

科名はギリシャ語のthrēskenia（崇拝）+ornis（鳥）で、ヘビや害虫を食べるアフリカクロトキ（*Threskiornis aethiopicus*）が、古代エジプトで疫病の守護者として崇拝されたことに由来する。

【トキ　*Nipponia nippon*】

（左）C314 トキ
（右）C888 トキ

1960.5.24.　第12回国際鳥類保護会議
C314　10Yen ……………………… 100□

1981.7.27.　自然公園50年
C888　60Yen ……………………… 100□

※C888は動物の学名をイタリック（斜体）で書く規則にならい、国名のNIPPONもイタリックでデザインされている。さすがに小文字にはできなかったよう。

（上）R331　佐渡のトキ
（下）R332　佐渡のトキ(2)

1999.7.16.
佐渡のトキ
R331-332　各80Yen ……… 120□

意匠化されたトキ

1982年に開通した上越新幹線では、「とき」と「あさひ」が列車名に採用された。その採用にはトキ回復の願いが込められていた。日本のトキは前年1981年に野生で絶滅。1999年、中国から個体を導入し、佐渡トキ保護センターで初の人工ふ化に成功、2008年、野生復帰に成功。2019年現在、野生下で343羽にまで回復した。

C936 上越新幹線と意匠化されたトキ
1982.11.15.　上越新幹線開通
C936　60Yen ……………… 100□

R741a トキと佐渡島

705 トキ

2009.7.8. 地方自治法施行60周年記念シリーズ 新潟県
R741a　80Yen ··120□
2015.2.2. 平成切手・2014年シリーズ
705　10Yen ···─□

サギ科　Ardeidae

DNA解析の結果、サギ科とトキ科はコウノトリ目からペリカン目に移された。サギ類には胸などに粉綿羽区があり、この羽毛は粉状に崩れる。これを頭や体に塗り、魚の粘液がつくのを防ぐ。

【アマサギ　*Bubulcus ibis coromandus*】

冬羽は全身白いが夏羽では頭と胸、背が飴色になる。飴鷺(あめさぎ)からアマサギに転じたもの。草食獣の背に乗ることがあり、獣が歩くに連れ草原や畑から飛び出す虫やカエルを食べる。

C1363　アマサギ(夏羽)

1993.1.29. 水辺の鳥シリーズ第6集
C1363　62Yen ··100□

【チュウサギ　*Egretta intermedia*】

コサギであれば足が黄色い。また、奥の個体は嘴が冬色である黄色になりかけていることからチュウサギと同定した。種名はラテン語のintermedium(中間)から、中サイズのサギの意。

C2035c
花鳥十二ヶ月図 雨中の柳に白鷺(夏羽)

2008.4.18. 切手趣味週間(2008年)
C2035c　80Yen ···120□

【コサギ　*Egretta garzetta garzetta*】

後頭の冠羽と背のカールした飾り羽からコサギの夏羽とわかる。コサギは本来足指が黄色いが、光線の加減ではC1496図案のように黒っぽく見えることもある。

C1496
観楓図屏風(夏羽)

1994.11.8. 平安建都1200年記念
C1496　80Yen ···120□

G16e
タチアオイと白鷺

2006.10.3.
日本・シンガポール
外交関係樹立40周年
G16e
90Yen ·········140□

G156a
春夏花鳥図屏風
(左隻)(夏羽)

2017.3.17.
ビューティフルJAPAN
G156a　500Yen ·········1,000□

【クロサギと推定　*Egretta sacra?*】

C1145
早稲の香や分けいる右は有磯海

1988.11.11.
奥の細道シリーズ第8集
C1145　60Yen ·······················100□
[同図案▶C1170小型シート]

※長い首を折りたたんで飛んでいることから、首を伸ばして飛ぶウではなく、サギ科の鳥と思われる。全身に色がついており目立つ模様もなく、クロサギと推定した。

【カラシラサギ　*Egretta eulophotes*】

(連刷左) C2137a
四季花鳥図屏風(手前)

(連刷右) C2137b
四季花鳥図屏風(手前)

2013.4.19. 切手趣味週間(2013年)
C2137a-b　各80Yen ·························120□

C2325d　葦に鷺文様

2017.8.18.
和の文様シリーズ第3集(82円)
C2325d　82Yen ······················120□

鳥類

【コサギ属の1種　*Egretta* sp.】

P201
弥彦山と
越後平野

1958.8.20.
佐渡弥彦国定公園
P201　10Yen………………80□

※嘴が曲がっていないのでトキではない。サギ科のコサギ属の1種と思われる。

ハシビロコウ科　Baleanicipitidae

科名はラテン語のbalaena（クジラ）＋caput（頭）の、で頭部が鯨に似るから。

【ハシビロコウ　*Balaeniceps rex*】

種名（rex）はラテン語で王。「動かない鳥」と話題になったように、魚が嘴の射程範囲に入るのをじっと待つ。一説には自らの影を木陰に擬しているか。魚を狩る瞬間は素早く動く。

C2371f　ハシビロコウ
2018.7.27.
動物シリーズ第1集（82円）
C2371f　82Yen………………—□

カツオドリ目　Suliformes

カツオに追われた小魚を海面に飛び込んで捕まえる生態から、漁師にはカツオの目印になる鳥。以前はペリカン目に入れられていた。目名はノルウェー語のカツオドリ（sula）から。

カツオドリ科　Sulidae

温帯から熱帯の島で集団繁殖する。両足の水かきで卵を包み込む独特の抱卵を行い、水かきにある多数の血管が卵を適温に保つ。沖合の海上でしか見られない鳥で、本土沿岸ではまれ。

【カツオドリ
Sula leucogaster】
C1353
カツオドリ（手前：♂）
1991.6.28.
水辺の鳥シリーズ第1集
C1353　62Yen…………100□

ウ科　Phalacrocoracidae

科名はギリシャ語phalakros（禿げ頭）の＋korax（カラスの）に由来し、鈎状の嘴がカラスに似ることから。ヘビのような長い首は水中でも素早く小回りが利き、魚を捕えるのに役立つ。

【ウミウ　*Phalacrocorax capillatus*】

鵜飼に使われるウ。かつてはカワウ（*Phalacrocorax carbo*）も使われていたが、舟からの鵜飼には大柄のウミウが好まれたとか。2014年宇治川の鵜匠がウミウの飼育下繁殖に成功した。

（左）368　鵜飼

（右）P205
日田・三隈川の鵜飼

1953.9.15.　第2次動植物国宝切手
368　100Yen……………………5,000□
1959.9.25.　耶馬日田英彦山国定公園
P205　10Yen……………………200□

R588-589
長良川の鵜飼・岐阜城

2003.5.1.
長良川の鵜飼と岐阜城
R588-589
各50Yen………80□

R773a　長良川の鵜飼

2010.6.18.
地方自治法施行60周年記念
シリーズ　岐阜県
R773a　80Yen…………120□

鵜飼が夜間に行われる理由

鵜飼が夜間に行われるのは、夜間だとウがかがり火の届く範囲から遠くに行かないため多くの鳥を操れるかららしい。なお、木曽川では昼間の鵜飼も見ることができる。なお、P205には鵜飼の際にウを入れて運搬する、竹で編んだ鵜かごが描かれている。

篝火とウ（日田川）

ウの積み込み（長良川）

【写真提供：田中敏彦】

タカ目 Accipitriformes

ラテン語accipitrisは「タカの」の意。以前はハヤブサ科を含んでいたが、DNA解析でハヤブサは全く別の系統とわかり独立した。ハヤブサとタカの類似も収斂進化の結果である。

コンドル科 Cathartidae

日本にいる猛禽が単独行動するのに対し、コンドル科は集団で飛行し、1羽が獲物を見つけ急降下すると皆が追う。主食は死肉だが生きた家畜を襲うこともある。

【コンドル Vultur gryphus】
C1714 ディアブロとチチカカ湖

1999.6.3.
日本人ボリビア移住100周年
C1714 80Yen……………………150☐

タカ科 Accipitridae

ワシタカ科ともいう。大型種をワシと呼ぶが明確な区別はない。一般にメスの方がオスより大きい。その理由は繁殖期にオスがメスに餌を渡すのに抵抗がない、との説が有力。

【カンムリワシ Spilornis cheela perplexus】

(左) C971 カンムリワシ
(右) C977 カンムリワシ

1984.1.26. 特殊鳥類シリーズ第3集
C971 60Yen……………………100☐
1984.12.10. 特殊鳥類小型シート
C977 60Yen……………………120☐

【イヌワシ Aquila chrysaetos】

(左) 440 イヌワシ (90円)
(右) C1801i 二条城 松鷹図

aquilaはラテン語で鷲。種名はギリシャ語のkhrusos (金) ＋aetos (鷲) で金色の鷲の意。日本では山間部に住み、ノウサギが少ない分ヘビを食べる。杉等の人工林で獲物が減り数が減った。

1973.11.19. 新動植物国宝図案切手・1972年シリーズ
440 90Yen……………………250☐
2002.2.22. 第2次世界遺産シリーズ第6集 (京都4)
C1801i 80Yen……………………120☐

C2126b イヌワシ

2012.8.23.
自然との共生シリーズ第2集
C2126b 80Yen……………………120☐

【オオタカ Accipiter gentilis】

C665 松鷹図

38 タカ
1875.1.1. 鳥切手
38 45Sen……………………90,000☐

※38はのどが白く明瞭な眉班があるので、オオタカと推定したが、ミサゴとする文献もある。

1974.10.7.
国際文通週間 (1974年)……………………100☐
C665 50Yen

(左) 536 タカ (1,000円)
(右) C1773c 鳥切手・タカ

1996.3.28. 平成切手・1994年シリーズ
536 1000Yen……………………1,900☐
2000.5.19. 日本国際切手展2001
C1773c 80Yen……………………120☐

C1801j 二条城 松鷹図

2002.2.22.
第2次世界遺産シリーズ第6集
(京都4)
C1801j 80Yen……………………120☐

C2381 日の出に鷹

2018.10.9. 国際文通週間 (2018年)
C2381 8Yen……………………—☐

【トビ *Milvus migrans*】

日本のタカ類で飛翔時に尾端がC1609図案のように凹んだ三角に見えるのはトビのみ。すぐれた視力で上空から死骸を探して食べる。

C1609　砂山

1997.12.8.　わたしの愛唱歌シリーズ第2集
C1609　50Yen ························· 100□

オジロワシ　*Haliaeetus albicilla albicilla*

C1367　オジロワシ

1993.5.25.　水辺の鳥シリーズ第8集
C1367　62Yen ············ 100□

オオワシ　*Haliaeetus pelagicus*

魚食のワシでは最大の種。動物園では肉もよく食べ、野生ではカモなども捕食。冬鳥として北日本に飛来するが、琵琶湖の山本山にもおり湖北町野鳥センターから観察できる。

R334　オオワシ

1999.7.23.　北の鳥たち
R334　50Yen ························· 80□

·········天然記念物指定後にスピード発行·········

クイナ科【ヤンバルクイナ　*Gallirallus okinawae*】

C958　ヤンバルクイナ　　R729h　ヤンバルクイナ

1983.9.22.　特殊鳥類シリーズ第1集
C958　60Yen ························· 100□
2009.2.2.　旅の風景シリーズ第4集（沖縄）
R729h　80Yen ························· 120□

日本で唯一の飛べない鳥。地元ではアガチー、ヤマドゥイとして知られていたが、新種として記載されたのは1981年。翌年に天然記念物に指定。僅か2年後にスピード発行された。内藤陽介氏は著書＊の中で「ヤンバルクイナブームが到来し、このブームに便乗する形で特殊鳥類シリーズが企画された」と推測されている。

（左）R626　流氷とガリンコ号とオオワシ
（右）C2006i　オオワシ

2004.5.28.　流氷とガリンコ号
R626　80Yen ························· 120□
2007.7.6.　第3次世界遺産シリーズ第3集（知床）
C2006i　80Yen ························· 120□

ハヤブサ目　Falconiformes

以前はタカ目に含まれていたが、DNA解析の結果、全く別の系統でスズメ目やオウム目などに近く、鳥綱では進化の最先端のグループに属することがわかった。

ハヤブサ科　Falconidae

鳥の中で最速のグループで、上空から急降下襲撃する際の速度は時速400kmとも言われる。この素晴らしい快速を活かして主に鳥を狩る。後方から追撃する際も時速80〜100kmという。

【シマハヤブサ　*Falco peregrinus furuitii*】

北硫黄島にのみ生息していた、ハヤブサの日本固有亜種。亜種ハヤブサ（*F. p. japonensis*）より小型で褐色身が強い。1937年以降見つかっておらず2018年に環境省は絶滅と判断した。

（左）C975　シマハヤブサ
（右）C978　シマハヤブサ

1984.6.22.　特殊鳥類シリーズ第5集
C975　60Yen ························· 100□
1984.12.10.　特殊鳥類小型シート
C978　60Yen ························· 120□

ツル目　Gruiformes

ノガン科やミフウズラ科等を含む雑多な印象の目であったが、DNA解析で科の数が半減し整理された。雛は早成性で卵内にて十分に成長し、すぐに巣を離れることができる。

クイナ科　Rallidae

ツル目の種の大半を占める科。北極とアフリカの砂漠を除く世界中に分布。科名はラテン語のrallus（クイナ）から。和名の語源はカエルを食べるから喰い鳴き、喰菜、首無等の説あり。

＊「解説・戦後記念切手シリーズ第6巻　近代美術・特殊鳥類の時代：切手がアートだった頃　1979−1985」

【バン　Gallinula chloropus chloropus】
属名はラテン語のgallina（雌鶏）＋-ulus（縮小を示す語）。種名はギリシャ語の黄緑（khlōros）＋pous（足）で、緑足の小さな雌鶏の意。和名の語源は田の番をするから。首を前後に振りながら泳ぐ。

C1889i　四季花鳥図巻 河骨と鷭
2003.4.1.
日本郵政公社設立記念
C1889i　80Yen ………… 120☐

G16f
カキツバタとバン
2006.10.3.
日本・シンガポール
外交関係樹立40周年
G16f
110Yen ……… 180☐

ツル科　Gruidae

日本では、ツルやニホンコウノトリも白鳥と呼ばれていた。例として香川県にある白鳥（しらとり）神社ではヤマトタケルが死後白鶴になったと伝えている。古典にあたる際は注意が必要。

【マナヅル　Grus vipio】
鹿児島県出水市が主な渡来地だが、明治以前には本州にも相当数渡来した。真名鶴と書き、真名は親愛の意であるとか、"真菜"で肉の味が良いツルの意などの説がある。

（左）
C864
鶴図
（奥）
（右）
C1365
マナヅル

1980.10.6.　国際文通週間（1980年）
C864　100Yen ……………………… 160☐
1993.3.31.　水辺の鳥シリーズ第7集
C1365　62Yen …………………… 100☐

R846e
出水のツル
2013.12.13.
地方自治法施行60周年
記念シリーズ　鹿児島県
R846e　80Yen ………… 120☐

C2168c-d　菊二鶴図屏風（左から3,5,6,羽目）
2014.4.18.　切手趣味週間（2014年）
C2168c-d　各82Yen ……………………… 120☐

【タンチョウ　Grus japonensis】
ラテン語のgrus（ツル）、japonensisは"日本"の、から「日本の鶴」の意。丹は辰砂（赤色硫化水銀）のことで、頭頂が赤いので丹頂鶴。動物園では30年生きるのはざらで、40歳を越える個体も。

C238　タンチョウヅル
1953.10.12.
皇太子（明仁）帰朝（10円）
C238　10Yen ……………… 1,500☐

（左）C300
タンチョウと
IATAマーク
（右）380
タンチョウヅル

1959.10.12.　第15回国際航空運送協会総会
C300　10Yen ……………………………… 50☐
1963.7.25.　第3次動植物国宝切手
380　100Yen……2,000☐[同図案▶1967年シリーズ432]

C454
後楽園（岡山）
1966.11.3.
名園シリーズ
C454　15Yen ……………… 60☐

C482　霊峰飛鶴

1967.10.2.　国際観光年
C482　50Yen ……………………………… 200☐

鳥類

C633　機織り　　　　　　　C634　ツル
1974.2.20.　昔ばなしシリーズ（第2集 つる女房）
C633-634　各20Yen ………………………………………40□

（左）C681　タンチョウ
（右）C776　国際ロータリーのシンボルマークと富士山

1975.2.13.　自然保護シリーズ（第2集 鳥類）
C681　20Yen …………………………………………………40□
1978.5.13.　国際ロータリー東京大会
C776　50Yen …………………………………………………80□

（左）C864　鶴図（手前）
（右）R90　タンチョウ

1980.10.6.　国際文通週間（1980年）
C864　100Yen ………………………………………………160□
1990.10.30.　タンチョウ（北海道）
R90　62Yen …………………………………………………100□

（連刷左）C1419　タンチョウの親子(1)（左：成鳥、右：雛）
（連刷右）C1420　タンチョウの親子(2)
1993.6.10.　第5回ラムサール条約締約国会議
C1419-1420　各62Yen ……………………………………100□

R269　雪原とタンチョウ
1999.2.5.　雪世界
R269　50Yen …………………………………………………80□

（左）R337　タンチョウ
（右）C1730f　釧路湿原にタンチョウ確認

1999.7.23.　北の鳥たち
R337　50Yen …………………………………………………80□
1999.12.22.　20世紀シリーズ第4集
C1730f　80Yen ………………………………………………120□

（左）R385　梅林と丹頂鶴
（右）R388　曲水と丹頂鶴

2000.3.2.　おかやま後楽園築庭300年
R385, R388　各80Yen ……………………………………120□

C1792-1793　タンチョウヅルと博覧会URL(1)(2)

2001.1.5.　インターネット博覧会
C1792-1793　各80Yen ……………………………………120□

（左）R693a　タンチョウ
（右）C1978j　鶴の恩返し

2007.5.1.　北の動物たちⅡ
R693a　80Yen ………………………………………………120□
2008.2.22.　アニメ・ヒーロー・ヒロインシリーズ第7集
C1978j　80Yen ………………………………………………120□

R714a　洞爺湖とタンチョウ

2008.7.1.　地方自治法施行60周年記念シリーズ 北海道
R714a　80Yen ………………………………………………120□

C2069f
鶴に竹文様の刺繍

2009.10.16. 日本ハンガリー交流年2009
C2069f　　80Yen…………………120□

R772c-d タンチョウ（阿寒郡鶴居村）

2010.6.1.　ふるさと心の風景第7集（北海道の風景）
R772c-d　各80Yen…………………120□

（左）R783a 大隈重信と伊万里・有田焼
（右）R784i　タンチョウ

2011.1.14. 地方自治法施行60周年記念シリーズ　佐賀県
R783a　80Yen…………………120□
2011.2.1.　旅の風景シリーズ第11集（北海道）
R784i　80Yen…………………120□

C2144f
六十余州名所図会
紀伊 和哥之浦
（最上段および中段の3羽）

2013.8.1.　浮世絵シリーズ第2集
C2144f　　80Yen…………………120□

タンチョウの尾羽の誤り

C1792 正しい尾羽
G133b 尾羽の誤り

C2144fの原画浮世絵はタンチョウの尾羽が誤って黒く描かれている。正確にはC1792-1793（インターネット博覧会）のように尾羽は白く、三列風切が黒い。G133b（ハッピーグリーティング2016年52円）も同様に誤り。

C2168c-d　菊ニ鶴図屏風（左から2,4羽目）

2014.4.18.　切手趣味週間（2014年）
C2168c-d　各82Yen…………………120□

C2180i　　C2220d　　G107b
鶴　　鶴と亀甲文様　　鶴亀

2014.7.23.　ふみの日（2014年 52円）
C2180i　52Yen…………………80□
2015.7.23.　ふみの日（2015年 82円）
C2220d　82Yen…………………120□
2015.9.4.　ハッピーグリーティング（2015年 52円）
G107b　52Yen…………………100□

C2292f
瀬戸染付焼

G133b　鶴亀

2016.8.26.　ハッピーグリーティング（2016年 52円）
G133b　52Yen…………………100□
2016.11.4.　第2次伝統的工芸品シリーズ第5集
C2292f　82Yen…………………120□

（左）C2398　鶴亀文様（上）

2019.2.22. 天皇陛下御即位三十年記念
C2398　82Yen………………—□

【ナベヅル　*Grus monacha*】

（左）
C1357
ナベヅル

（右）
R695e
ナベヅルと
ナベヅル渡
来地の風景

1992.1.30.　水辺の鳥シリーズ第3集
C1357　62Yen ……………………………100☐
2007.5.1.　中国5県の鳥
R695e　80Yen ……………………………120☐

C2144f
六十余州名所
図会 紀伊 和哥
之浦（上から2
羽目）

2013.8.1.　浮世絵シリーズ第2集
C2144f　80Yen ……………………………120☐

R855c
ナベヅル

2015.5.12.
地方自治法施行
60周年記念シリーズ 山口県
R855c　82Yen ……………………………150☐

【ツル属の1種　*Grus* sp.】

（左）C1034
輪島塗（1）

（右）R123
（着物柄）

1985.11.15.　第1次伝統的工芸品シリーズ第6集
C1034　60Yen ……………………………100☐
1992.7.1.　鶴崎踊
R123　62Yen ……………………………100☐

チドリ目　Charadriformes

目名はギリシャ語kharadrios（断崖に住む）＋form（形・種類）で断崖に巣作りする鳥の意だが、実際は海岸や河原、浮葉の上でも営巣し、崖で営巣するのはカモメ類など一部である。

チドリ科　Charadriidae

今では嘴が短いものをチドリ、長いものをシギと呼ぶ傾向がある。しかし、古来我が国ではシギ・チドリなどを全て千鳥と呼び、千鳥模様は着物等の意匠に広く使われた。

【コチドリ　*Charadrius dubius*】

524　コチドリ（110円）
1997.7.22.
平成切手・1994年シリーズ
524　110Yen ……………………………230☐

【シロチドリ　*Charadrius alexandrinus*】

雌雄同色が多いチドリ科にあって、このシロチドリはオスの夏羽では前頭部が黒いので区別できる。チドリとは千々鳥で数が多く群れをなしているとの意味。

C653　荒磯

1974.3.2.　沖縄国際海洋博募金
C653　20+5Yen ……………………………50☐

※C653では過眼線と肩と尾の先が黒いことから、シロチドリと推定した。

R151　シロチドリと二見浦
　　　（手前・最奥：♂夏羽、中央：♀）

1994.7.22.　シロチドリと二見浦
R151　80Yen ……………………………120☐

（左）C2035e
花鳥十二ヶ月
図 岩に海鳥
（♂夏羽）

（右）C2260c
シロチドリ

2008.4.18.　切手趣味週間（2008年）
C2035e　80Yen ……………………………120☐
2016.4.26.　伊勢志摩サミット
C2260c　82Yen ……………………………120☐

タマシギ科　Rostratulidae

3種だけの小さな科で、メスの方がオスより模様が派手。一妻多夫でメスは交尾して卵を産み落とすとオスに巣と卵をまかせ、次のオスの所へ。語源は男を手玉にとるから。

【タマシギ
*Rostratula benghalensis
benghalensis*】

C1359　タマシギ（♀）
1992.3.25.
水辺の鳥シリーズ第4集
C1359　62Yen ……………………………120☐

シギ科　Scolopacidae

科名はギリシャ語でscolopax（シギ）から。和名は羽音が繁々しいから繁（しげ）の転、羽をしごくからシギの説あり。干潟や河口に出ず、水田や草原など内陸で過ごすシギをジシギという。

【オオジシギ　*Gallinago hardwickii*】
本州と北海道、サハリンで繁殖し、越冬地は9000km離れたオーストラリア。繁殖期に大声で飛び回りヒュゴゴゴーと尾羽を鳴らし降下するディスプレイから、雷鴫（かみなりしぎ）の別名もある。

（左）C1352　オオジシギ
（右）C2315h　オオジシギ

1991.6.28.　水辺の鳥シリーズ第1集
C1352　62Yen ………………………… 100□
2017.4.28.　天然記念物シリーズ第2集
C2315h　82Yen ………………………… 120□

【カラフトアオアシシギ　*Tringa guttifer*】

C973　カラフトアオアシシギ（夏羽）

1984.3.15.　特殊鳥類シリーズ第4集
C973　60Yen ………………………… 100□

カモメ科　Laridae

カモメ類とアジサシ類があり、カモメ類は長時間海に浮かんでいるが、アジサシ類は海水にあまり入らない。アジサシ類はカモメ類より脚が短く水をかく足も小さいため。

【ユリカモメ　*Chroicocephalus ridibundus*】
古名を都鳥という。現在はミヤコドリ（*Haematopus ostralegus*）という別種の水鳥がいるので注意（学名を使えばこうした混乱はない）。夏羽は北海道では見られるのだが、頭が黒い。

R772j　運河の春（小樽市）　（ユリカモメ（夏羽）と推定（右から2番目））

2010.6.1.　ふるさと心の風景第7集（北海道の風景）
R772j　80Yen ………………………… 120□

R872a　東京タワーとレインボーブリッジとユリカモメ

2016.6.7.　地方自治法施行60周年記念シリーズ 東京都
R872a　82Yen ………………………… 150□

【ズグロカモメ　*Chroicocephalus saundersi*】

C1979e-f　南雲しのぶ/イングラム3号機（ズグロカモメと推定）

2008.2.22.　アニメ・ヒーロー・ヒロインシリーズ8集
C1979e-f　各80Yen ………………… 120□

C2102b　ズグロカモメ

2011.8.23.　自然との共生シリーズ第1集
C2102b　80Yen ………… 120□

【ウミネコ　*Larus crassirostris*】

C430　明治丸とウミネコ（第3回冬羽）

1965.7.20.　第25回海の記念日
C430　10Yen ………………… 50□

P234　飛鳥からの鳥海山

1969.2.25.　鳥海国定公園
P234　15Yen ………………………… 50□

C1354　ウミネコ（成鳥夏羽）

1991.9.27.　水辺の鳥シリーズ第2集
C1354　62Yen ………… 100□

(左) R219　船、二十世紀梨の花、シンボルタワー（第3回冬羽）（中段左）

R380　小樽運河（冬羽）

1997.7.11.
山陰・夢みなと博覧会
R219　80Yen ………………120□

2000.2.7.　雪世界Ⅱ
R380　80Yen ………………120□

【カモメの1種　Laridae sp.】

C702　浅間丸

1976.6.1.　船シリーズ第5集
C702　50Yen …………………………80□

C723　日中の地図に深海ケーブルとケーブル船

1976.10.25.　日本・中国間海底ケーブル開通
C723　50Yen …………………………80□

(左) C929　カモメと手紙
(右) C1736j　壺井栄「二十四の瞳」

1982.7.23.　ふみの日（1982年 40円）
C929　40Yen …………………………70□

2000.5.23.　20世紀シリーズ第10集
C1736j　80Yen ………………120□

ウミスズメ科　Alcidae

北半球北部で海上生活する鳥。潜って魚やイカを取るが、漁場で魚群を追って網に入って（混獲）窒息死する事故も多い。飛ぶのは下手で離陸時は海面を蹴って助走する。

【エトピリカ　*Fratercula cirrhata*】

アイヌ語のエト（嘴）とピリカ（美しい）が名になった優美な鳥。以前は東京都葛西臨海水族園などだけで飼育していたが、今は大阪海遊館など数館で見られる。

C1356　エトピリカ（夏羽）

1992.1.30.　水辺の鳥シリーズ第3集
C1356　62Yen ………………………100□

(左) R335　エトピリカ（夏羽）
(右) R670d　エトピリカ（夏羽）

1999.7.23.　北の鳥たち
R335　50Yen …………………………80□

2005.8.22.　最北の自然・北海道
R670d　80Yen ………………120□

ハト目　Columbiformes

ハトは速鳥（はやとり）から、またはハタハタという羽音が語源との説がある。科名はラテン語のcolumba（鳩）＋form（形・種類）による。ハト科とサケイ科、絶滅したドードー科からなる。初列風切は11枚。

ハト科　Columbidae

フラミンゴと同様に、繁殖期には嗉嚢（そのう）の内壁が肥厚して剥がれおち、ミルク（嗉嚢乳）を分泌して雛を育てる鳥。嘴は根元から臘（ろう）膜に覆われており、先端だけが角質。

【アカガシラカラスバト
Columba janthina nitens】

C972　アカガシラカラスバト

1984.3.15.　特殊鳥類シリーズ第4集
C972　60Yen ………………………100□

┈┈┈ **アカガシラカラスバトの危機** ┈┈┈

アジア東部に分布するカラスバト（*Columba janthina*）の亜種で、小笠原のみに生息。40羽以下しか分布していない絶滅の恐れの非常に高い種。クマネズミによる主食の木の実の消費、ノネコの脅威、外来植物アカギによる在来植物の駆逐等の外来種が原因である。東京都が野生復帰に向け、動物園で繁殖に成功し数を増やし、小笠原のノネコを不妊手術して島外へ譲渡している。

【リュウキュウカラスバト　*Columba jouyi*】

C1733j
リュウキュウカラスバト絶滅
2000.2.23.
20世紀シリーズ第7集
C1733j　80Yen……………120□

【キジバト　*Streptopelia orientalis*】

背部にメスのキジような鱗模様があることから雑鳩。学名はギリシャ語streptos（ネックレス）＋peleia（鳩）、orientalis（東洋の）、で首に模様のある東洋のハトの意。

（左）C392 キジバト
（右）C898 双鳩図

1963.11.20.
鳥シリーズ
C392　10Yen……………50□
1981.10.6.　国際文通週間（1981年）
C898　130Yen……………200□

519 キジバト
C1834b キジバト

1992.11.30.
平成切手・
1994年シリーズ　519　62Yen……………150□
2001.8.1.　日本国際切手展2001（シール式）
C1834b　80Yen……………120□

651 キジバト

2007.10.1.　平成切手
651　80Yen……………160□

C2137e 四季花鳥図屏風（右上）

2013.4.19.　切手趣味週間（2013年）
C2137e　80Yen……………120□

G154b　春夏花鳥図屏風（左隻）
2017.3.17.
ビューティフルJAPAN
G154b　500Yen……………1,000□

【シラコバト　*Streptopelia decaocto*】

R401-402　さいたま新都心、シラコバト
R229
ウォーキングとシラコバトとサクラソウ
1997.10.28.　第1回世界ウォーキングフェスティバル
R229　80Yen……………120□
2000.5.1.　さいたま新都心
R401-402　各50Yen……………80□

【オウギバト　*Goura victoria*】

G118f 青い鳥

2015.12.11.
冬のグリーティング（2015年 82円）
G118f　82Yen……………120□

オウム目　Psittaciformes

オウム科がインコ科からわかれたりくっついたり、ヒインコ科が提唱されたり、扱いがよく変わる目。DNA分析でも今のところ科を分けるほどの違いは見つかっていない。

インコ科　Psittacidae

科名はラテン語のpsittacus（オウム）から。インコ類の中で頭の冠羽を逆立てることができるものをオウム、できないものをインコと呼ぶ。両者は体内にもいくつか違いがある。

【ヒインコ　*Eos bornea*】

C1681
著色花鳥版画・櫟に鸚哥図 インコ
1998.10.6.
国際文通週間
（1998年 90円）
C1681
90Yen……………180□

鳥類

【ホンセイインコ属の1種 *Psittacula* sp.】

C2195a　木画紫檀棊局・棊子（引き出し側面）

引き出し装飾の概念図

2014.10.17.　正倉院の宝物シリーズ第1集
C2195a　82Yen……………120□

カッコウ目　Cuculiformes

目名はラテン語のcuculus（カッコウ）＋form（形）から。エボシドリ科やツメバケイ科を含んでいたが、目として独立した。以前はホトトギス目と呼んでいた。

カッコウ科　Cuculidae

他種の鳥の巣に卵を産みつける托卵が有名だが、行わない種もいる。托卵する相手は卵の色斑から、種ごとに数種に限られる。同じ種でも、地域で托卵相手が違うこともある。

【ホトトギス　*Cuculus poliocephalus*】

日本に生息するカッコウ科4種の1つ。この4種は同地域でも別々の托卵相手を選び競合しないようにしている。4種の鳴き声が全く異なるのも競合や交雑を防ぐためである。

（左）354　ホトトギス
（右）C1120　ほととぎす

1954.5.10.　第2次動植物国宝切手
354　3Yen………30□［同図案▶418、670］
1987.6.23.　奥の細道シリーズ第2集
C1120　60Yen………100□［同図案▶C1158小型シート］

C1225　屋島とホトトギスにオリーブ

1988.5.20.　国土緑化（1988年）
C1225　60Yen………100□

フクロウ目　Strigiformes

目名はラテン語でstrigis（オオコノハズクの類）の意。つばさの先端にはひげ状の消音装置がついており、全身に柔らかな毛が生え、飛んでも音を全く立てない。

フクロウ科　Strigidae

他の鳥と違い目が正面についているため視界が狭い。そこで首を270°まで回転させ視野の狭さを補っている。耳は左右で上下の高さがずれており、音の方向を正確にとらえる。

【コノハズク　*Otus sunia*】

P258　鳳来寺山

1973.9.18.　天竜奥三河国定公園
P258　20Yen……40□

（左）R780b　コノハズク
（右）R129　コノハズクと鳳来寺山

2010.10.4.　地方自治法施行60周年記念シリーズ　愛知県
R780b　80Yen………………120□
1992.10.15.　コノハズクと鳳来寺山
R129　62Yen………………100□

【シマフクロウ　*Bubo blakistoni blakistoni*】

C959　シマフクロウ　　　　C976　シマフクロウ

1983.9.22.　特殊鳥類シリーズ第1集
C959　60Yen………………100□
1984.12.10.　特殊鳥類小型シート
C976　60Yen………………120□

※C959／C976シマフクロウ：図案の学名（右）から変更されて*Bubo*属となった。一般に耳角のあるフクロウをミミズクと呼ぶが、本種のようにあてはまらないことも多い。

NIPPON
Ketupa blakistoni

（左）R336　シマフクロウ
（右）C2006c　シマフクロウ

1999.7.23.　北の鳥たち
R336　50Yen……………80□
2007.7.6.　第3次世界遺産シリーズ第3集（知床）
C2006c　80Yen……………120□

【モリフクロウ　*Strix aluco*】

欧州から北米の平原、農地に普通に見られる。毛や骨を吐き戻したペリットから獲物を調べた結果、英国では7割がノネズミで、ハタネズミ類13％、トガリネズミ類12％、モグラ類4％であった。

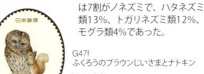

G47f　ふくろうのブラウンじいさまとナトキン

2011.3.3　ピーターラビット（50円）
G47f　50Yen……………80□

（右）G97d
ブラウンじいさま
2015.1.9
ピーターラビットと仲間たち
G97d　52Yen…………………100□

【フクロウ　*Strix uralensis*】

（左）C831
深山大沢図
（右）C1054
少年と手紙

1979.10.8.
国際文通週間（1979年）
C831　100Yen……………150□

1985.7.23.　ふみの日（1985年 60円）
C1054　60Yen………………100□

【エゾフクロウ
Strix uralensis japonica】

R680d　エゾフクロウ（幼鳥）
2006.7.3.
北の動物たち
R680d　50Yen………………80□

ブッポウソウ目　Coraciiformes

DNA分析でサイチョウ類が独立するなど科数が半減した目。代表種ブッポウソウ（*Eurystomus orientalis*）は「仏法僧」と鳴くとされていたが、実際はゲッと鳴く。仏法僧と鳴くのはコノハズクである。

カワセミ科　Alcedinidae

科名はラテン語のalcedo（カワセミ）から。

【ワライカワセミ　*Dacelo novaeguineae*】

けたたましい鳴き声がヒトの笑い声に似る。属名Daceloは造語でalcedoのアナグラムでしゃれた命名。種名はnovae（新しい）＋guinea（ギニア）でニューギニアのことだが、本種はニューギニアにはいない。

C2003j　ワライカワセミ
2006.5.23.　2006日豪交流年
C2003j　80Yen………………120□

【アカショウビン　*Halcyon coromanda*】

C1361　アカショウビン
1992.8.31.
水辺の鳥シリーズ第5集
C1361　62Yen………………100□

【カワセミ　*Alcedo atthis*】

C1054　少年と手紙
1985.7.23.
ふみの日（1985年 60円）
C1054　60Yen………………100□

（左）
C1362
カワセミ
（♀）
（右）
C2086h
カワセミ
（♂）

1993.1.29.　水辺の鳥シリーズ第6集
C1362　62Yen………………100□

2010.10.18.　生物多様性条約第10回締約国会議記念
C2086h　80Yen………………120□

【ヤマセミ　*Megaceryle lugubris*】

（左）522
ヤマセミ（♂）

（右）C1834c
ヤマセミ（♂）

1994.1.13.
平成切手・
1994年シリーズ
522　80Yen…………………180□ ［同図案▶542コイル］

2001.8.1.　日本国際切手展2001（シール式）
C1834c　80Yen………………120□

サイチョウ目　Bucerotiformes

サイチョウは頭部にサイの角のようなかざりがある鳥。目名はギリシャ語bous（牡牛の）＋kerōs（角）＋form（形・種類）から。ちなみにアレキサンダー大王の愛馬Bucephalasはbous（牡牛の）＋kephalē（頭）の意。

ヤツガシラ科　Upupidae

和名は冠羽が多数ある意の八頭飾鳥が、八頭に縮まったもの。本科には4種あり、碁石の種はアジアに分布するヤツガシラ（*Upupa epops*）であろう。日本では稀な鳥のためアジアらしさが漂う宝物。

【ヤツガシラ　*Upupa epops*】

C2195a
木画紫檀碁局・碁子

【参考】
中国・1982年発行　ヤツガシラ

2014.10.17.
正倉院の宝物シリーズ第1集
C2195a　82Yen………………120□

鳥類

87

キツツキ目　Piciformes

足指が前向きに2本、後向きに2本となっており、非常に頑強な爪が生えていることから、枝や樹皮をしっかりつかむことができる。科名はラテン語picus（キツツキ）+form（形・種類）から。

オオハシ科　Ramphastidae

桁違いに巨大な、それでいて非常に軽い嘴を持つ派手な鳥。科名はギリシャ語rhamphos（嘴）+-astus（増大を示す接尾辞）で巨大な嘴の意。果物を主とし爬虫類や昆虫、小鳥の雛も食べる。

【オニオオハシ　Ramphastos toco】

C2037j
オニオオハシ

2008.6.18.
日本ブラジル交流年
C2037j　80Yen………………120□

キツツキ科　Picidae

短く硬い尾で体を支えることができるので、C1510のような突く姿勢がとれる。舌が非常に長いため頭蓋骨をくるりと1周して収納している。鉤型をした舌先で虫を引っ掛けて取りだす。

【オーストンオオアカゲラ　Dendrocopos leucotos owstoni】

C974
オーストンオオアカゲラ（♂）

1984.6.22.　特殊鳥類シリーズ第5集
C974　60Yen…………100□

【アカゲラ　Dendrocopos major】

C1601
四季花鳥図巻(1)（♂）

1997.10.6.　国際文通週間（1997年 90円）
C1601　90Yen…………………180□

【クマゲラ　Dryocopus martius】

体がクマのようにまっ黒なキツツキ。江戸時代中期まではヤマゲラと呼ばれており、別種のヤマゲラ（Picus canus）と紛らわしい。学名は軍神マルスのキツツキの意で、勇ましい。

C1510　クマゲラ（♂）

1995.11.21.　第1次世界遺産シリーズ第4集
C1510　80Yen………………………150□

C2340f
キツツキ（♂）

2017.11.8.
森の贈りものシリーズ第1集（82円）
C2340f　82Yen………………120□

【ノグチゲラ　Sapheopipo noguchii】

C960　ノグチゲラ（♂）

1983.11.25.
特殊鳥類シリーズ第2集
C960　60Yen………………100□

スズメ目　Passeriformes

鳥類の種の半数以上を占める目。囀るための鳴管（気管分岐部にある発音器官）と鳴管付着筋が発達している。目名はラテン語のpasser（スズメ・小鳥）+form（形・種類）から。

モズ科　Laniidae

和名の百舌鳥の由来は多くの鳥（百鳥（ももとり））の鳴き声をまねるところから。モは鳴き声、スはカラス・ウグイスのスと同じで鳥の意、ほか様々な説あり。タカのような嘴から小さな猛禽と呼ばれる。

【モズ　Lanius bucephalus bucephalus】

C1078の大仙陵古墳（伝：仁徳天皇陵）のある地を百舌鳥という。古墳を造る工事中に、鹿が人夫に向かってきたが倒れて死に、その耳からモズが飛び去ったことから「百舌鳥耳原」と呼ばれるようになった。宮内庁HPの御陵名は"百舌鳥耳原中陵（もずのみみはらのなかのみささぎ）"。

（左）C1078
モズとアシと「仁徳天皇陵」

（右）525
モズ（♂）

1986.5.9.　国土緑化（1986年）
C1078　60Yen………………………100□
1998.2.16.　平成切手・1994年シリーズ
525　120Yen………………………240□

（右）C2137b
四季花鳥図屏風（中央）

2013.4.19.　切手趣味週間（2013年）
C2137b　80Yen………………120□

コウライウグイス科　Oriolidae

古典に黄鳥(きてふ)とあるのはコウライウグイスのこと。日本ではまれな旅鳥。C2137eはウライウグイスであれば嘴は淡い赤色であるべきだが、他に該当するアジアの鳥もない。

【コウライウグイス　*Oriolus chinensis*】

C2137e
四季花鳥図屏風(中央上)

2013.4.19.　切手趣味週間(2013年)
C2137e　80Yen·························· 120□

カササギヒタキ科　Monarchidae

ヒタキ科からDNA分析で独立した科。科名はギリシャ語でmonarchos(専制君主)の意で、命名者がタイランチョウ科(タイランは暴君tyrannnoのこと)と近縁と誤って考えて、暴君に近い言葉で命名したもの。

【サンコウチョウ　*Terpsiphone atrocaudata*】

属名はギリシャ語のterpsis(楽しみ)＋phōnē(音声)で愉快に歌う鳥、の意。月日星(ツキヒーホシ)(これを三光という)ポイポイポイと鳴く。オスは30cm近い長い尾羽をメスに見せて求愛する。

(右) G155a
春夏花鳥図屏風
(左隻)(♂)

(左) R137
サンコウチョウ(♂)
と富士山

1993.6.23.　サンコウチョウと富士山
R137　41Yen···························· 70□
2017.3.17.　ビューティフルJAPAN
G155a　500Yen··························1,000□

カラス科　Corvidae

科名はラテン語のcorvus(大型のカラス)から。知能が高く、カレドニアガラス(*Corvus moneduloides*)は木の枝で虫釣りをし、仙台市のハシボソカラス(*Corvus corone*)は自動車にクルミを割らせる。

【カケス　*Garrulus glandarius*】

528　カケス
1998.2.23.
平成切手・1994年シリーズ
528　160Yen·······················330□

【ルリカケス　*Garrulus lidthi*】

カケスの別名は樫鳥(かしどり)で、ナラやカシのドングリを好み、土に埋めておき、掘り返して食べる。エラリー・クイーン作の推理小説"ニッポン樫鳥の謎"に登場する鳥は本種。

C390　ルリカケス

1963.6.10.　鳥シリーズ
C390　10Yen·························120□

【タイワンオナガ　*Dendrocitta formosae*】

C2137f
四季花鳥図屏風(中段右)

2013.4.19.　切手趣味週間(2013年)
C2137f　80Yen·························120□

【サンジャク　*Urocissa erythroryncha*】

(左) C1022
伊万里・有田焼
(手前)

(右) C2137c
四季花鳥図屏風
(左上)

1985.5.23.
第1次伝統的工芸品
シリーズ第3集
C1022　60Yen·······················100□
2013.4.19.　切手趣味週間(2013年)
C2137c　80Yen·······················120□

【カササギ　*Pica pica*】
C1186　虹の松原とカササギ
1987.5.23.　国土緑化(1987年)
C1186　60Yen·······················100□

【ミヤマガラスと推定　*Corvus frugilegus*？】

嘴がカーブせずまっすぐ鋭く、つけ根が白く描かれていることからミヤマガラスの成鳥の特徴に一致する。深山鴉の名がついているが、広い農地で見られる冬鳥。

C721　鳶烏図
1976.10.6.
国際文通週間(1976年)
C721　100Yen········160□

89

シジュウカラ科　Paridae

ラテン語でカラ類はparus。四十は多く群れること、カラは軽くひるがえって飛ぶもの。カラ類は非繁殖期には群れを作り、別種が混じった混群になることも多い。

【ヒガラ　*Periparus ater*】

C2137f
四季花鳥図屏風（左上）

2013.4.19.　切手趣味週間（2013年）
C2137f　80Yen ·························· 120☐

【ヤマガラ　*Sittiparus varius*】

（左）C136
ヤマガラ（左2羽：幼鳥、右：成鳥）
（右）521
ヤマガラ

1948.10.1.　赤十字・共同募金
C136　5Yen＋2.50Yen ·················· 1,200☐
［同図案▶C137小型シート］
1992.11.30.　平成切手・1994年シリーズ
521　72Yen ································ 220☐

【シジュウカラ　*Parus minor*】

（左）C587
シジュウカラと親子の巣箱（左：成鳥、右：雛➡）
（右）520
シジュウカラ

1971.5.10.　第25回愛鳥週間
C587　15Yen ···························· 40☐
1997.7.22.　平成切手・1994年シリーズ
520　70Yen ······························ 160☐

（左）C2017e
萩に四十雀図（シジュウカラ）
（右）G37b
フルートの乙女

2007.4.20.　切手趣味週間（2007年　さくら）
C2017e　80Yen ·························· 120☐
2010.1.25.　春のグリーティング（2010年　フラワー）
G37b　80Yen ··························· 120☐

【コガラ　*Poecile montanus*】
（左）C2137d　四季花鳥図屏風（左上）

2013.4.19.　切手趣味週間（2013年）
C2137d　80Yen ························· 120☐

ヒバリ科　Alaudidae

科名のalaudaは歌姫・ヒバリの意。晴れた日に高く飛ぶから日晴（ひばる）。オスは美しい声で囀る。日本ではヒバリ1種が繁殖、他は稀な冬鳥。アフリカでは種類が多く科の2/3が分布する。

【ヒバリ　*Alauda arvensis*】

G162j
美空（部分）

2017.6.7.　日本の絵画
G162j　82Yen ··························· 120☐

ヒヨドリ科　Pycnonotidae

これもアフリカ、それにアジア東南部に多い科。日本ではシロガシラとヒヨドリの2種のみ分布し繁殖もする。和名はヒヨドリがヒーヨヒーヨと鳴く、または稗（ひえ）を好むから。

【シロガシラ　*Pycnonotus sinensis*】

C2137g　四季花鳥図屏風（上）

2013.4.19.　切手趣味週間（2013年）
C2137g　80Yen ·························· 120☐

【ヒヨドリ　*Hypsipetes amaurotis*】

光の加減で青みが強いがヒヨドリ。都会でも身近な鳥だが日本と朝鮮半島、それら周辺の島にだけ分布。果実や木の実が好物。

G201e　トリと木の実

2018.8.23.　秋のグリーティング（2018年　82円）
G201e　82Yen ··························· ―☐

ツバメ科　Hirundinidae

飛びながら虫を取るため嘴は扁平で広い。翼は小さくも大きく開き小回りがきく。足は弱い。人家に巣をかける種が多い。土をくわえて巣を作るから土食（つちはみ）が転じてツバメ。

【ツバメ　*Hirundo rustica*】

G132f　柳葉色

C1889f　四季花鳥図巻
　　　垂れ桜と燕
2016.8.5.　ライフ・伝統色
C1889f　80Yen ………… 120□
22003.4.1.
日本郵政公社設立記念
G132f　82Yen ………… 120□

【ツバメ科の1種　*Hirundinidae sp.*】

C2035a
花鳥十二ヶ月図
桜に小禽
2008.4.18.　切手趣味週間
（2008年）
C2035a　80Yen ………… 120□

R776i　名所江戸百景 上野山した（上）
2010.8.2.　江戸名所と
粋の浮世絵シリーズ第4集
R776i　80Yen ………… 120□

ヨーロッパウグイス科　Cettiidae

ウグイス科とする立場もある。雌雄同色だが囀るのはオスである。似た種が多いが囀りの違いで種が判別できる。鳥のメスも、囀りを聞いて同種のオスであることを確認する。

【ウグイス　*Horornis diphone*】

（左）C394
ウグイス
（右）R118
松延堤、
砥上岳、
ウグイス、
ツツジ

1964.2.10.　鳥シリーズ
C394　10Yen ………… 50□
1992.5.8.
国土緑化（1992年、福岡県）
R118　41Yen ………… 70□

C2400a　鶯色
2019.3.6.
伝統色シリーズ第2集（82円）
C2400a　82Yen ………… ―□

> ……… 緑色のウグイス？………
> 花札などに緑色のウグイスなる鳥が描かれているが、メジロと混同したもの。実物のウグイスは地味な茶色がかった緑色でC2400aの色の鳥。冬に街でチャッチャッと鳴いて植込みを出入りしているのがそれである。

エナガ科　Aegithalidae

尾の長い小型の鳥で、群れで林や公園を移動してゆく。代表種エナガは欧州から日本までユーラシア大陸に広く生息し、多くの亜種に分かれる小柄でちょこまか動く愛らしい鳥。

【エナガ　*Aegithalos caudatus*】
C2339a　小鳥
2017.11.8.
森の贈りものシリーズ第1集（62円）
C2339a　62Yen ………… 100□

センニュウ科　Locustellidae

以前はウグイス科、その前はウグイス亜科としてヒタキ科に含まれていたがDNA分析によりどんどんこれらの科は分割されてきている。

【オオセッカ
Locustella pryeri pryeri】
C970　オオセッカ（♂）
1984.1.26.
特殊鳥類シリーズ第3集
C970　60Yen ………… 100□

メジロ科　Zosteropidae

細い嘴をもった小鳥で雌雄同色だが、オスは美しい声で囀るので成鳥では区別できる。昆虫食だが、花の蜜も吸う。メグロはミツスイ科に分類されることもある。

【ハハジマメグロ　*Apalopteron familiare familiare*】

小笠原では外来種であるメジロと異なり、縄張りを持つ。小笠原にはキツツキがいないので、メグロは樹皮部や、キツネのいない地上まで、ニッチを広く利用している。慎重なメグロが、メジロが新規の餌を食べるのを見て真似て食べる例も報告されている。

C682　ハハジマメグロ
1975.8.8.
自然保護シリーズ（第2集
鳥類）
C682　20Yen ………… 40□

鳥類

(左) R374
ザトウクジラ、
ムニンヒメツ
バキ、メグロ
(右) C2118a
メグロ

2000.1.12.
21世紀に伝えたい
東京の風物
R374　50Yen ································· 80□
2012.6.20.　第3次世界遺産シリーズ第5集（小笠原諸島）
C2118a　80Yen ··································· 120□

C2364g-h
ハハジマメグロ
(1)(2)

2018.6.26.
小笠原諸島復帰
50周年
C2364g-h
各82Yen ············
············· 120□

【メジロ　*Zosterops japonicus*】

518
メジロ
C1772　ブンゴウメ
とメジロと九重連山
C1834i　メジロ

1994.1.13.　平成切手・1994年シリーズ
518　50Yen ····················· 110□ ［同図案▶541コイル］
2000.4.21.　国土緑化（2000年　大分県）
C1772　50Yen ···································· 100□
2001.8.1.　日本国際切手展2001（シール式）
C1834i　50Yen ····································· 80□

(左) R673a
メジロと河津桜
(右) R822b
豊後梅とめじろ

2006.2.1.　河津桜
R673a　50Yen ····································· 80□
2012.11.15.
地方自治法施行60周年記念シリーズ　大分県
R822b　80Yen ···································· 120□

C2180e
梅と小鳥

2014.7.23.
ふみの日（2014年　52円）
C2180e　52Yen ···································· 80□

ゴジュウカラ科　Sittidae

他の小鳥と異なり木の幹に縦や逆さまに停まることができ、樹上を縦横無尽に歩き回る。頭を下に幹を駆け降りる様子は、まるでカリオストロの城の名シーンのルパン三世。

【ゴジュウカラ
Sitta europaea】

C2137f
四季花鳥図屏風（中央下）

2013.4.19.　切手趣味週間（2013年）
C2137f　80Yen ···································· 120□

ツグミ科　Turdidae

ツグミは口を噤（つぐ）むで、ツグミ類は夏至以降に鳴かなくなるから。科名はラテン語turdus（ツグミ）の属格。属格とは英語でいう所有格のことで、科名は属格に-daeをつける決まり。

【ムジルリツグミ　*Sialia currucoides*】

(左) G30c
青い鳥
(右) G56d
幸せの花かご

2008.12.8.
冬のグリーティング（2008年　いちご）
G30c　80Yen ····································· 120□
2012.2.1.　春のグリーティング（2012年　タンポポ）
G56d　80Yen ····································· 120□

【ツグミ　*Turdus naumanni*】

属名turdusはラテン語でツグミ。種名はナウマンゾウの発見者とは別の博物学者（ヨハン・アンドレアス・ナウマン）にちなむ。別名を"しない"というが、しないは大型ツグミ全般を指す語にも使われる（例：マミチャジナイ（*Turdus obscurus*）のしない）。

C1743 j　長野五輪・公式ポスター

2000.12.22.
20世紀シリーズ第17集
C1743 j　80Yen ··································· 120□

ヒタキ科　Muscicapidae

ヒッヒッ、カチカチと鳴く声が火打石を打ちつける音に似るので火焚（ひたき）。科名はラテン語のmusca（ハエ）＋capiou（捕まえる）で、小さな虫を巧みに捕える鳥であるから。

【ヨーロッパコマドリ　*Erithacus rubecula*】

英国で愛されている野鳥。繁殖期以外は雌雄別々にテリトリーを持ち、オスはもちろんメスもテリトリーを守るため囀る。テリトリーに侵入する鳥に胸の赤を見せて鳴く。

（左）G48g
大好きなラディッシュを食べるピーター

（右）G48h　食べ過ぎてむねがむかむかするピーター
2011.3.3.　ピーターラビット（80円）
G48g,h　各80Yen ………………………… 120□

【コマドリ　*Erithacus akahige*】

（左）C2137b
四季花鳥図屏風（下）

（右）C2280b
コマドリ（♂）
2013.4.19.　切手趣味週間（2013年）
C2137b　80Yen ………………………… 120□
2016.9.23.　天然記念物シリーズ第1集
C2280b　82Yen ………………………… 120□

【アカヒゲ　*Erithacus komadori komadori*】

C683　アカヒゲ（♂）
1976.2.27.　自然保護シリーズ（第2集　鳥類）
C683　50Yen ………… 100□

┌──────────────────────┐
　　　シーボルトのつけ間違い

　アカヒゲの学名の種名は*komadori*、コマドリは*akahige*と逆になっている。これはシーボルトがラベルをつけ間違え、それに基づきオランダで命名されたため。学名は一旦命名されると原則変更できないため、今日も逆のままになっている。
└──────────────────────┘

【ホントウアカヒゲ　*Erithacus komadori namiyei*】

C2138b　ホントウアカヒゲ（♀）
2013.5.23.　自然との共生シリーズ第3集
C2138b　80Yen ……… 120□

【コルリ　*Luscinia cyane*】

C930
妖精と手紙（♂）
1982.7.23.　ふみの日（1982年 60円）
C930　60Yen ………………………… 100□

C2168b　梅桜小禽図屏風（左下の3羽）
2014.4.18.　切手趣味週間（2014年）
C2168b　82Yen ………………………… 120□

【ルリビタキ　*Tarsiger cyanurus*】

G45b
ユリと青い鳥（♂）

C2137f
四季花鳥図屏風（♂）下

G124c
レターと青い鳥（♂）

2011.2.4.　春のグリーティング（2011年 花と動物）
G45b　50Yen ………………………… 80□
2013.4.19.　切手趣味週間（2013年）
C2137f　80Yen ………………………… 120□
2016.3.3.　春のグリーティング（2016年 82円）
G124c　82Yen ………………………… 120□

C2315i
ルリビタキ（♂）

G216b
小鳥（♂）

2017.4.28.　天然記念物シリーズ第2集
C2315i　82Yen ………………………… 120□
2019.2.20.　春のグリーティング（2019年 62円）
G216b　62en …………………………… —□

C2404a　ルリビタキ（♂）
2019.4.12.　天然記念物シリーズ第4集
C2404a　82Yen ………………………… —□

鳥類

鳥類

【ジョウビタキ　*Phoenicurus auroreus auroreus*】

C2017d　群鳥図（♂：下段）

2007.4.20.
切手趣味週間
（2007年　さくら））
C2017d　80Yen ················ 120□

【コンヒタキ　*Cinclidium leucurum*】

C2168a　梅桜小禽図屏風（♂）
（下段中央左）

2014.4.18.
切手趣味週間（2014年）
C2168a　82Yen ············· 120□

【ノビタキ　*Saxicola torquatus*】

C2137c
四季花鳥図屏風（♂）（右下）

2013.4.19.
切手趣味週間（2013年）
C2137c　80Yen ·············· 120□

【マミジロキビタキ　*Ficedula zanthopygia*】

C2168a-b
梅桜小禽図
屏風

（連刷左）C2168a（♂）
（中段左から3,4羽目：矢印部分）

（連刷右）
C2168b（♂）
（中央）

2014.4.18.　切手趣味週間（2014年）
C2168a-b　各82Yen ············ 120□

【キビタキ　*Ficedula narcissina*】

（左）C1562
キビタキ（手前：
♂、奥：♀）
（右）C1563
バードウォッチング
（右：成鳥♂、左：
幼鳥）

1996.5.10.　第50回愛鳥週間
C1562-1563　各80Yen ············ 120□

【オオルリ　*Cyanoptila cyanomelana*】

C925
植樹祭のマークと
オオルリ鳥（♂）　　C1680　動植綵絵・紅葉小禽図 オオルリ（♂）

1982.5.22.　国土緑化（1982年）
C925　60Yen ·············· 100□

1998.10.6.　国際文通週間（1998年 90円）
C1680　90Yen ·············· 180□

C2030g　桜と鶯（♂）

C2137i
四季花鳥図屏風（♂）
（上の左右）

2007.10.1.
民営会社発足記念（琳派）
C2030g　80Yen ············· 120□

2013.4.19.　切手趣味週間（2013年）
C2137i　80Yen ············· 120□

C2168a
梅桜小禽図屏風
（♂）（上段左右）

C2168b
梅桜小禽図屏風
（♂）（上）

2014.4.18.
切手趣味週間（2014年）
C2168a-b　各82Yen ············· 120□

(左) G131e
瑠璃色 (♂)(上)

(右) C2404h
オオルリ(♂)

2016.8.5.
ライフ・伝統色
G131e   52Yen··100□
2019.4.12.   天然記念物シリーズ第4集
C2404h   82Yen···—□

【ヒタキ科の1種
Muscicapidae sp. 】

C1605 四季花鳥図巻(3)

1997.10.6.   国際文通週間(1997年130円)
C1605   130Yen··260□

スズメ科   Passeridae

科名はラテン語のpasser(スズメ・小鳥一般を表す語)より。以前はハタオリドリ科に含まれていたが、別系統とわかり分離された。ススはシュシュという鳴き声から、メは群れるの略・小鳥の意。

【ニュウナイスズメ
 Passer rutilans 】

(左) C830
ふるさと

(右) C2137h
四季花鳥図屏風
(左上)

1979.11.26.   日本の歌シリーズ第2集
C830   50Yen··80□
2013.4.19.   切手趣味週間(2013年)
C2137h   80Yen···120□

【スズメ   *Passer montanus saturatus* 】

(左) 578
スズメとイネと
ツバキ(50円)

(右) 588
スズメとモミジと
ツバキ(270円)

1997.4.10.   額面印字コイル切手
578   50Yen··················150□ [同図案▶579-582]
588   270Yen···720□

C1754 芙蓉に雀

1999.10.6.
国際文通週間(1999年)
C1754   90Yen···180□

G6c 寒いね

C2017b 桜に雀図 雀

2003.2.10.   グリーティング切手(赤いシート)
G6c   80Yen··120□
2007.4.20.   切手趣味週間(2007年 さくら)
C2017b   80Yen···120□

(連刷左) C2137a
四季花鳥図屏風(上)

(連刷右) C2137b
四季花鳥図屏風(左上)

2013.4.19.   切手趣味週間(2013年)
C2137a-b   各80Yen···120□

(左) C2190
雪中椿に雀

(右) C2219h
スズメ

2014.10.9.   国際文通週間(2014年)
C2190   70Yen··130□
2015.7.23.   ふみの日(2015年 52円)
C2219h   52Yen··80□

イワヒバリ科   Prunellidae

科名はラテン語prunus(褐色の)+ella(縮小辞)で「褐色の小鳥」の意。代表種イワヒバリの学名*Prunella collaris*の種名はラテン語で「頸に特徴のある」の意で本州の高山の岩地にいるが、標高2000m以下でも見られることあり。

【イワヒバリ *Prunella collaris* 】

C2404j イワヒバリ

2019.4.12.
天然記念物シリーズ 第4集
C2404j   82Yen···—□

セキレイ科　Motacillidae

科名はラテン語のmotus（動かす）＋cillam（ピクピクと）が誤まって、尾を振るの意で伝わったもの。日本の種は尾を上下によく振る。イザナギ、イザナミに交合を教えたことからトツギオシエドリの別名あり。

【ハクセキレイ　Motacilla alba 】

（左）37　セキレイ

（右）C1773b 鳥切手・セキレイ

1875.1.1.　鳥切手
37　15Sen ··· 60,000□
2000.5.19.　日本国際切手展2001
C1773b　80Yen ······································· 120□

 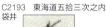

C2193　東海道五拾三次之内 袋井

2014.10.9.　国際文通週間（2014年）
C2193　130Yen ······················· 260□

アトリ科　Fringillidae

アトリの語源は集鳥（あつとり）で、大群になることから。尾の先端が凹んでいる。秋から春に集団で樹上で木の実をついばむ姿が見られる。オスは求愛時に餌を渡し、メスだけが抱卵する。

【コイカル　Eophona migratoria 】

C2137f　四季花鳥図屏風（中段左）

2013.4.19.　切手趣味週間（2013年）
C2137f　80Yen ································ 120□

【イカル　Eophona personata personata 】

527　イカル

1998.2.16.　平成切手・1994年シリーズ
527　140Yen ··························· 300□

【ウソ　Pyrrhula pyrrhula 】

C2017d　群鳥図（♂）上段

2007.4.20.　切手趣味週間（2007年 さくら）
C2017d　80Yen ···················· 120□

C2073c　花鳥図（♂）

2010.4.20.　切手趣味週間（2010年）
C2073c　80Yen ······················ 120□

【ウソ　Pyrrhula pyrrhula griseiventris 】

526　ウソ（♂）

1994.4.25.　平成切手・1994年シリーズ
526　130Yen ······························· 290□

【オオマシコ　Carpodacus roseus 】

C2137d　四季花鳥図屏風（♂）（右上）

2013.4.19.　切手趣味週間（2013年）
C2137d　80Yen ······················ 120□

【カワラヒワ　Chloris sinica 】

G154a　春夏花鳥図屏風（左隻）

2017.3.17.　ビューティフルJAPAN
G154a　500Yen ············ 1,000□

ホオジロ科　Emberizidae

草の種子を主食とするが、繁殖期には大量の虫をとる。ある研究では一日400匹の昆虫をとり雛に与えた。渡りの際は群れをつくる。オスの鳴き声が美しい種があり、以前は飼われていた。

【シラガホオジロ　Emberiza leucocephalos 】

C2332a-b　しだれ桜に小鳥（1）（2）

2017.10.6.　国際文通週間（2017年）
C2332a-b　各70Yen ······□

········· ウソとコマドリ ·········

鳥のウソは「うそぶく」から来ており、うそぶくとは口笛を吹くという意味。鳴き声がまるでヒトの口笛のように聞こえるから。ウソじゃなく本当の話。コマドリは駒鳥で、鳴き声がまるでウマのいななき、または轡（くつわ）の鳴る音に聞こえるから。ウマい命名。

【ホオジロ　*Emberiza cioides*】
C395　ホオジロ（♂）
1964.5.1.
鳥シリーズ
C395　10Yen ·················· 50☐

C2137a
四季花鳥図屏風
（中段左：♀、中段右：♂）

2013.4.19.　切手趣味週間（2013年）
C2137a　80Yen ·················· 120☐

【ホオアカ　*Emberiza fucata*】
C2275j
ホオアカ（♂夏羽）

2016.8.10.　山の日制定
C2275j　82Yen ·················· 120☐

【ミヤマホオジロ
　Emberiza elegans】
C2168a
梅桜小禽図屏風（中段左から5羽目）（♂）

2014.4.18.　切手趣味週間（2014年）
C2168a　82Yen ·················· 120☐

コウカンチョウ科　Cardinalidae

日本には分布しない科でショウジョウコウカンチョウ科とする立場も。ショウジョウコウカンチョウはアメリカでカージナルズとして野球の球団名にもなる親しまれている鳥。

【ショウジョウコウカンチョウ　*Cardinalis cardinalis*】

G64b
レッド（♂）

2012.11.9.　冬のグリーティング
G64b　80Yen ·················· 120☐

※G64c-eにも同様のショウジョウコウカンチョウが描かれている。

科不明

【スズメ目の1種　*Passeriformes sp.*】
（左）C870　春がきた
（右）C1388　お花畑のたより

1981.3.10.　日本の歌シリーズ第9集
C870　60Yen ·················· 100☐
1992.7.23.　ふみの日（1992年 41円）
C1388　41Yen ·················· 70☐

（連刷左）C2137h
四季花鳥図屏風（右上）

（連刷右）C2137i
四季花鳥図屏風（中段）

2013.4.19.　切手趣味週間（2013年）
C2137h-i　各80Yen ·················· 120☐

······ **日本画のなかの鳥と虫** ······
C2137の狩野元信「四季花鳥図屏風」には、日本にはいない中国の鳥が多く描かれている。日本の鳥より中国の事物を描く方が雅とされた風潮もあったらしい。日本画の切手では省略された同定ポイントもあり、原画にあたって初めて種類が判明した鳥・虫は多い。とはいえ原画も写真と違い正確に描かれていないので、専門家の力もお借りした。

C2168a
梅桜小禽図屏風（下）　（中段左の2羽）

（左下）

2014.4.18.　切手趣味週間（2014年）
C2168a　82Yen ·················· 120☐

C2219e
サクラ

2015.7.23.　ふみの日（2015年 52円）
C2219e　52Yen ·················· 120☐

鳥類

97

飼い鳥・脊索動物門・鳥綱

ペットとして飼われる鳥を分類した。観光資源として公園や城の堀などで飼われている種も含んでいる。

キジ目　Galliformes

クジャクなどの輝く羽の色は構造色といい、DVDの裏面の虹色と同じ仕組。羽毛表面に微細な溝が並ぶことで青系の色を反射する。羽毛自体に色はなく、アルコールを垂らして溝を埋めると灰色になる。

キジ科　Phasianidae

キジ科のオスはメスより派手な色をした種が多い。中にはひときわ美しい輝く羽を持つ種がおり、古代から王侯貴族などに飼われてきた。

【キンケイ　*Chrysolophus pictus*】

C1683　著色花鳥版画・雪竹に錦鶏図、キンケイ(♂)

C2069d ティサフレドの水筒(♂)

1998.10.6.　国際文通週間（1998年 110円）
C1683　110Yen················220☐

2009.10.16.　日本ハンガリー交流年2009
C2069a　80Yen················120☐

(連刷左) C2137g 四季花鳥図屏風(♂)

(連刷右) C2137h 四季花鳥図屏風(♀)

2013.4.19.　切手趣味週間（2013年）
C2137g-h　各80Yen················120☐

【インドクジャク　*Pavo cristatus*】

飼い鳥のクジャクにはインド原産の本種とジャワ・インドシナ半島原産のマクジャクがいる。識別点は数点あるが、頭部の冠羽が扇形に分かれるか1本かがわかりやすい。

(左) C2018d　インドクジャク(♂)
2007.5.23.　2007年日印交流年
C2018d　80Yen················120☐

C2325a 牡丹に孔雀文様(♂)

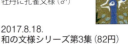

2017.8.18.
和の文様シリーズ第3集（82円）
C2325a　82en················120☐

※次のマクジャクの項を見ればわかるとおり、日本の古美術に登場するのはほぼ全てマクジャクであるが、和の文様として取り上げられたのはインドクジャクであった。

【マクジャク　*Pavo muticus*】　(右) C707 孔雀葵花図(♂)

(左) R669i 龍光寺

2005.7.8　四国八十八ヶ所の文化遺産II
R669i　80Yen················120☐

1975.10.5.　国際文通週間（1975年）
C707　50Yen················80☐

(左) C1796e 東照宮「孔雀」(♂)
(右) R780d 瀬戸焼(♂)

2001.2.23.　第2次世界遺産シリーズ第1集（日光の寺社）
C1796e　80Yen················120☐

2010.10.4.　地方自治法施行60周年記念シリーズ　愛知県
R780d　80Yen················120☐

(連刷左) C2137d 四季花鳥図屏風(♂)

(連刷右) C2137e 四季花鳥図屏風(♀)

2013.4.19.　切手趣味週間（2013年）
C2137d-e　各80Yen················120☐

カモ目　Anseriformes

カモ目の鳥は食用に家禽として飼われることが多いが、観賞用の種ではコブハクチョウが日本でも見られ、欧州ではコクチョウ（Cygnus atratus）も飼われる。

カモ科　Anatidae

北ヨーロッパ原産のコブハクチョウは観賞用に世界中で飼われ、日本でも城の堀や公園で放し飼いされている。嘴のつけ根にコブがあり、オスのコブはメスより大きい。

【コブハクチョウ　Cygnus olor】

（左）C426
子どもと動物にこどもの国のマーク

（右）419　コブハクチョウ

1965.5.5.　国立こどもの国開園
C426　10Yen
1971.11.10.　新動植物国宝図案切手・1967年シリーズ
419　5Yen ························30□［同図案▶672］

R313　牡倉敷美観地区

1999.5.25.　倉敷美観地区
R313　80en ························120□

R762a-b
倉敷美観地区

2010.3.1.　旅の風景シリーズ第8集（瀬戸内海）
R762a-b　各80Yen ···················120□

（左）G45d
青いバラと白鳥
（右）C2177j
富士山一冬2

2011.2.4.　春のグリーティング（2011年 花と動物）
G45d　50Yen ························80□
2014.6.26.　第3次世界遺産シリーズ第7集（富士山）
C2177j　82Yen ·······················120□

ハト目　Columbiformes

長距離を飛び帰巣本能が強いハト目の特徴を活かし、伝書鳩やレース鳩が作られた。ハト類はタカに捕まれた際に抜け出せるよう羽が抜けやすく、診察後の掃除が大変。

ハト科　Columbidae

飼い鳥ではイエバト以外にもウスユキバト（Geopelia cuneata）やチョウショウバト（Geopelia striata）、シッポウバト（Oena capensis）も日本でよく飼われた。

【イエバト（ドバト）　Columba livia】

野生のカワラバト（Columba livia）から作られた種。寺のお堂にいるからドウバト転じて別名ドバト。レースバト、伝書鳩用種をはじめ食用種、クジャクバト等多くの品種がある。

C18

ハトとオリーブの枝（ドバト）
C19　ハト（ドバト）

1919.7.1.　世界大戦平和（1½銭）
C18　1½Sen ························600□
［同図案▶C20］
1919.7.1.　世界大戦平和（3銭）
C19　3Sen ························800□［同図案▶C21］

C29　通信省庁舎（ドバト）

1921.4.20.
郵便創始50年（3銭）
C29　3Sen ·········800□
［同図案▶C31］

C44　世界地図とハト（ドバト）

1927.6.20.　万国郵便連合加盟50年（6銭）
C44　6Sen ···················19,000□［同図案▶C45］

C65　地球とハト（ドバト）

1936.9.1.　関東局始政30年（1½銭）
C65　1½Sen ························3,200□

（右）C67
関東庁庁舎
（ドバト）

1936.9.1.　関東局始政30年（10銭）
C67　10Sen ··················35,000□

(左) C2000j マイセン磁器(アルルカンの人形) 80

(右) R659a 広島平和都市記念碑(ドバト) 50

2005.12.1. 日本におけるドイツ2005／2006記念
C2000j　80Yen ··· 120□

2005.4.22.　平和記念公園
R659a　50Yen ······································· 80□

(左) G17b (ドバト)

(右) C2116h 後苑雨後(ドバト)

2006.11.24.　冬のグリーティング(2006年 音楽隊)
G17b　50Yen ······································· 80□

2012.6.1.　東京国立近代美術館開館60周年・京都50周年
C2116h　80Yen ·································· 120□

 (省略)

(左) G179e ハト(ドバト)

(右) C2317 クローバーをくわえる白い鳩(ドバト)

2017.11.22.　ハッピーグリーティング(2017年)
G179e　62Yen ····································· 100□

2017.5.12.　民生委員制度創設100周年
C2317　82Yen ····································· 150□

オウム目　Psittaciformes

オウム目は舌に厚みがあり、人間の発音をまねられる種がいる。これは群れの中で、自分の番い相手を呼ぶのに、個体ごとに異なる鳴き声があり、まねして返す必要があるから。

オウム科　Cacatuidae

C2295iのキバタンのように頭の羽の一部を冠のように立てられるものをオウムと呼ぶ。オカメインコはインコとつくがC2294h図案に見るように冠羽が立つのでオウム。

 別の位置

【キバタン　*Cacatua galerita*】

C2295i　キバタン

2016.11.11.　身近な動物シリーズ第3集 (82円)
C2295i　82Yen ···································· 120□

【オカメインコ(ルチノー)　*Nymphicus hollandicus*】

C2294h　オカメインコ(ルチノー)

2016.11.11.　身近な動物シリーズ第3集 (52円)
C2294h　52Yen ··································· 80□

インコ科　Psittacidae

インコとオウムの区別に大きさは関係なく、例えば最大のコンゴウインコ類 *Ara* sp. はインコである。ただし尾はインコの方が細く長い。

【セキセイインコ　*Melopsittacus undulatus*】

漢字では背黄青鸚哥。様々な色変わり、羽変わりが作り出されている。しかし原種になった野生個体は全身緑で頭部が黄色く尾が青の1パターンのみである。

(左) G4d セキセイインコ (左:♀、右:♂)

(右) C2294j セキセイインコ

1998.3.13.　グリーティング切手(1998年)
G4d　80Yen ······································ 120□

2016.11.11.　身近な動物シリーズ第3集 (52円)
C2294j　52Yen ···································· 80□

C2295f　セキセイインコ

2016.11.11.　身近な動物シリーズ第3集 (82円)
C2295f　82Yen ··································· 120□

【ダルマインコ　*Psittacula alexandri*】

C1685 著色花鳥版画・薔薇に鸚哥図 インコ

1998.10.6.　国際文通週間(1998年 130円)
C1685　130Yen ·································· 260□

【コザクラインコ　*Agapornis roseicollis*】

(左) C1899b いんこ

(右) C2295g コザクラインコ

2003.7.23.　ふみの日(2003年)
C1899b　80Yen ··································· 120□

2016.11.11.　身近な動物シリーズ第3集
C2295g　82Yen ··································· 120□

スズメ目　Passeriformes

高度に鳴管の発達したスズメ目は声の良い種が飼い鳥として普及しているほか、小型で美しい種では様々な色変わりが作られている。

ムクドリ科　Sturnidae

アフリカには美しい色彩のムクドリ類がいるが、日本では地味。語源は椋の実を好むから。科名はラテン語sturnus（椋鳥）から。

【ハッカチョウと推定　Acridotheres cristatellus ？】

冠羽の形からハッカチョウと思われる。語源は翼を開くと白い帯が八に見えるから、または八八鳥と書き8羽で行動すると信じられたから。日本では逃げた飼鳥が野生化している。

C1002　九谷焼

1984.11.2.
第1次伝統工芸シリーズ第1集
C1002　60Yen……………100□

カエデチョウ科　Estrildidae

分類学上の議論の絶えないこの科も、鳥好きにとっては美しい小鳥たちと一括できる科である。主食は種子と雑穀。野生の原種を基に、様々な色変わりが作り出されている。

【キンカチョウ　Taeniopygia guttata】

C2294g　キンカチョウ

2016.11.11.
身近な動物シリーズ第3集（52円）
C2294g　52Yen……………80□

【コキンチョウ　Erythrura gouldiae】

（左）G6d
ケーキをどうぞ

（右）G11c　くま

2003.2.10.　グリーティング切手（赤いシート）
G6d　80Yen……………120□
2005.10.21.　冬のグリーティング（2005年　雪）
G11c　50Yen……………80□

【ジュウシマツ　Lonchura striata】

中国から輸入されたダンドクから、日本で作られた鳥。子育て上手で、コキンチョウなど他種の卵を抱かせると、雛を孵してくれる。これを仮親という。

C2295h　ジュウシマツ

2016.11.11.
身近な動物シリーズ第3集
C2295h　82Yen……………120□

・・・・・・仮親に托す子育て・・・・・・

仮親は動物園でも使うテクニックで、卵を放り出したりして育てられないペアの卵を、同種または近縁種に抱かせ、雛がある程度大きくなるまで育てさせる。ツルやペンギンなど人間が孵化させると、人間になついたり求愛行動をすることのある鳥では、将来の繁殖のためにも仮親が望ましい。元の親には石膏で作った擬卵を抱かせることもある。これは本物の卵で型を取り、石膏を流し、色と模様をつけたもの。

【ブンチョウ（桜文鳥）　Lonchura oryzivora】

2016.11.11.
身近な動物シリーズ
第3集
C2295j
82Yen……………120□

2018.10.9.　国際文通週間
（2018年）
C2382a-b
各70Yen──□

（左）C2295j
桜ブンチョウ
（桜文鳥）

（右）C2382a-b
広重画「椿に小鳥」

【シロブンチョウ　Lonchura oryzivora】

（左）C1389
犬と小鳥の手紙

（右）C2294f　白ブンチョウ

1992.7.23.　ふみの日（1992年　62円）
C1389　62Yen……………100□
2016.11.11.　身近な動物シリーズ第3集（52円）
C2294f　52Yen……………80□

アトリ科　Fringillidae

科名はラテン語のfringilla（ズアオアトリ Fringilla coelebs）にちなむ。飼い鳥カナリア（Serinus canaria）は原産地のカナリア諸島にちなむ名だが、この諸島の語源はラテン語のInsula Canaria（犬の島）である。

【カナリア　Serinus canaria】

C2294i　カナリア

2016.11.11.
身近な動物シリーズ第3集
C2294i　52Yen……………80□

【参考】ベルギー1990年・
ズアオアトリ。原寸の50%

家禽・脊索動物門・鳥綱

産業動物として飼育・養殖される鳥を分類した。日本で家禽化された鳥にはウズラ（Coturnix japonica）がある。国内ではマガモとアヒルの雑種の合鴨もよく飼われている。

ダチョウ目　Struthioniformes

現生の鳥類は、ダチョウなどの走鳥類及びシギダチョウ目からなる古顎類（別名：古顎下綱）と、それ以外の鳥からなる新口顎類（別名：新顎下綱）の2つに大別できる。

ダチョウ科　Struthionidae

科名はラテン語のstruthio（ダチョウ）から。足指の数は2本で走るのに特化した体になっている。野生では絶滅が危惧されているが、世界中で産業動物として飼われている。

【ダチョウ　*Struthio camelus*】
C1521　ダチョウと手紙
1995.7.21.
ふみの日（1995年　80円）
C1521　80Yen······················150□

※ダチョウは肉、皮、観光牧場用に我が国で飼育されており、国内飼育数は平成29年で142農場2319羽である（農水省：家畜伝染病予防法に基づく定期報告数）。

キジ目　Galliformes

キジ目の家禽にはホロホロチョウ科のホロホロチョウ（*Numida meleagris*）などもあるが、家禽の大半はキジ科の鳥で、食用・卵用に養殖される。

キジ科　Phasianidae

この科の家禽にはシチメンチョウ（*Meleagris gallopavo*）、ウズラ（*Coturnix japonica*）などがある。ウズラは唯一といってもいい日本で作出された家禽で、日本では卵を取るが肉も食べても美味。

【ニワトリ　*Gallus gallus*】

（左）C1380
（かんざしの向かって左）
（右）G29e
ひよこ（幼鳥）
1991.11.15.　日本国際切手展'91記念
C1380　62Yen·····················100□
　　［同図案▶C1381］
2008.12.8.　冬のグリーティング（2008年 お菓子がいっぱい）
G29e　50Yen······················80□

（左）R717c
はしゃぎ声（栃木県芳賀郡）
2008.9.1.　ふるさと心の風景第2集
（秋の風景）
R717c　80Yen·····················120□

（右）C2296f
きつねがひろったイソップものがたり
（成鳥と卵）
2016.11.25.
童画のノスタルジーシリーズ第4集
C2296f　82Yen·····················120□

（左）C2110a
日本の農林水産物と農村風景のイメージ
(1)（手前：♂、奥：♀）
（右）C2202d
ニワトリ（幼鳥）
2011.11.22.
農林水産祭50回
C2110a　80Yen·····················120□
2015.1.28.　ほっとする動物シリーズ第3集（52円）
C2202d　52Yen·····················80□

（左）C2212a
活動を共にする人々
（右）C2250i
かわいいかくれんぼ（幼鳥）
2015.4.20.　青年海外協力隊発足50周年
C2212a　82Yen·····················120□
2016.1.29.　童画のノスタルジーシリーズ第2集
C2250i　82Yen·····················120□

（左）C2265g　ひよこさん（幼鳥）　（右）C1397　ともだち（幼鳥）
2016.5.27.　童画のノスタルジーシリーズ第3集
C2265g　82Yen·····················120□
1992.10.9.　第3回郵便切手デザインコンクール
C1397　62Yen······················100□

343　尾長鶏（♂）
1952.2.
第1次動植物国宝切手
343　5Yen·····················1,200□
　　［同図案▶343a］

C626 群鶏図（大唐丸?♂）
1973.10.6.
国際文通週間（1973年）
C626　50Yen ………………………………………100□

C1969　大鶏雌雄図
（奥:♂、手前:唐丸?♀）

※C626は「若冲の描いた生き物たち」（学研プラス社刊）には本品種は文献にだけ見られる絶滅した闘鶏用種、大唐丸ではないか、との考察あり。

2005.4.20.　切手趣味週間（2005年）
C1969　80Yen ………………………………………150□

C2257f 上杉本洛中洛外図屏風（軍鶏）（中央）
2016.4.20.
切手趣味週間
C2257f　82Yen ……………………………………120□

── 中世の闘鶏 ──

中世日本は闘鶏が盛んで唐丸、軍鶏（C2257f）などの闘鶏用品種が飼われていた。気性が荒く、首や足が長く背が高いので突いたり蹴ったりするのに適した体型。なお、農場の鶏でもつつき行動で序列を決めている。

◀洛中洛外図の闘鶏の様子。

（左）C1437 渡辺崋山
（右：桂矮鶏と推定、左：黒矮鶏と推定）

1993.11.4.　第2次文化人切手（第2集）
C1437　62Yen ………………………………………100□

（右）C1237 ニワトリとタマゴ（名古屋コーチン♂）
1988.9.3.　第18回万国家禽会議
C1237　60Yen ………………………………………100□

※有名な名古屋コーチンである。本品種の卵は桜色。大正8年に名古屋コーチンと改名したが、今も名古屋コーチンの名で流通。背景が鶏卵になっているデザインが秀逸。

カモ目　Anseriformes

カモ類の羽毛は羽毛布団やダウンジャケットに綿羽（ダウン）が使われる。最高級品はアイダーダウン。ホンケワタガモ（*Somateria mollissima*）が抱卵のため巣に敷いた羽毛を回収したもの。

カモ科　Anatidae

カモ科の家禽にはアヒルの他、サカツラガン（*Anser cygnoides*）から作られたシナガチョウ、ハイイロガン（*Anser anser*）から作られたヨーロッパガチョウなどがある。

【アヒル　*Anas platyrhynchos*】

アヒルはマガモから作られた家禽。雌雄同色だが、オスは尾羽先端が巻き、鳴き声が濁る。アヒルとマガモの中間段階の品種をナキアヒル（コールダック）やアイガモという。

C1844 みんなでつくろう安心の街(1)
2001.10.11.　みんなでつくろう安心の街
C1844　80Yen ………………………………………120□

（左）C2200a ぐりとぐらの1ねんかん(1)
（右）C2200i ぐりとぐらかるた(4)

2014.11.20.
季節のおもいでシリーズ第4集（冬）
C2200a,i　各82Yen …………………………………120□

（左）G47h あひるのジマイマ
（右）G97a あひるのジマイマ

2011.3.3.　ピーターラビット（50円）
G47h　50Yen ………………………………………80□
2015.1.9　ピーターラビットと仲間たち
G97a　52Yen ………………………………………100□

C1592 鳥のともだち
1997.7.23.
ふみの日（1997年、70円）
C1592　70Yen ………………………………………130□

干支の由来　〜動物はあと付けだった？お国変われば干支変わる〜

十干十二支（じっかんじゅうにし）が最初に出現するのは中国の殷（商）代で、殷墟遺跡から日付を示す干支が刻まれた甲骨が出土している（図版1）。十干十二支は中国の戦国時代には年や月にも使われ始め、今に至る。

例えば甲子園球場は、大正13年（1924）の甲子の年に建てられた（図版2）。また、24時間を十二支に分けたり、方位へ応用するのは漢代に広がった（12'ｓコラム参照）。十干十二支を縮め「干支」とする表記が定まるのは、後漢からである。

　　　　　＊

干支の普及のため、中国で十二支の漢字に覚えやすい動物が当てはめられた。各字にいつ、なぜその動物が結びつけられたかはわかっていない。覚え易さが優先されたから、干支が他国へ伝わる際に、その国で身近な動物に置き換わっていった。日本では、亥が本家中国や台湾のブタ（図版3）からイノシシに置き換わった。これは、日本では豚はなじみのない動物で、似た動物で山野にたくさんいた猪に置き換わったためである。ツバルでも亥年はブタなので（図版4）、イノシシは少数派のようだ。

▲ 図版1　殷代の甲骨（内容は干支ではない）

▲ 図版5　卯がネコの例（ベトナム）

続けて他国の例を見ると、チベット、ベトナム等では兎が猫になっている（図版6）。さらにベトナムでは丑はスイギュウである。ベトナムでは農家でスイギュウが使われて身近なためである。フランス発行の年賀切手にも、スイギュウを図案にしたものがある（図版6）。

▶図版6　丑がスイギュウの例（フランス）

カザフスタンでは、寅がヒョウに、辰はなんとカタツムリになる（図版7）。

▶図版7　カザフスタンでは、寅年のトラはユキヒョウに置き換わっている。また、辰年は中国や日本ではドラゴン（竜やタツノオトシゴ）が図案となるが、カザフスタンではカタツムリが採用されている。

▲ 図版3　亥がブタの例（台湾）

▲ 図版4　亥がブタの例（ツバル）

◀図版5　卯がネコの例（ベトナム）

西は、インドでは地方によってはインド神話の神鳥・ガルーダになるらしい。また、正規の干支かどうかは不明だが、フィリピンが1992年の酉年に発行した切手に、ミンダナオ島の先住民族・マラナオ族の神話の鳥、サリマノクが描かれている（図版8）。今後も海外の干支切手に注目したい。

◀図版8　酉年の図案に、ミンダナオ島先住民族マラナオ族の神話の鳥「サリマノク」が描かれた例（フィリピン）

＊図版2は原寸の60％、図版5は約50％

第3部

アオウミガメ（106ページに掲載）

両生爬虫類

両生爬虫類 Herptiles

爬虫類・脊索動物門・爬虫綱

ここでは現生の爬虫類を採録した。爬虫綱、鳥綱、哺乳綱と両生類ほかの脊椎動物との区別は、羊膜の有無である。羊膜と羊水を持つことで、胚が乾燥から守られ水中に卵を産む必要がなくなり完全陸上生活が可能になった。

カメ目　Testudines

目名はラテン語のtestudo（陸亀）から。英語圏では水生種をturtle、陸生種をtortoiseと呼ぶ傾向があるが、国によって異なる。カメの甲羅は肋骨と背骨が変形し拡張したもの。

ウミガメ科　Cheloniidae

砂浜に産卵するのは、水中では卵が呼吸できないから。波打ち際から離れた適度な湿度の場所に穴を掘り産卵する。産卵直後の卵はぶつかっても割れないが殻が柔らかい。

【アカウミガメ　*Caretta caretta*】
メスは夜に暗い海岸で産卵する。子ガメは海鳥のいない夜間に孵化し、波の反射光を頼りに海に向かう。しかし、外灯等の照明に誘引され、海へたどりつけず死ぬ個体もある。

R857e　大浜海岸とうみがめ
2015.6.1.　地方自治法施行60周年記念シリーズ 徳島県
R857e　82Yen ……………………………… 150□

【ウミガメの1種　*Cheloniidae sp.*】
C2370f
ウミガメ
2018.7.27.
動物シリーズ第1集（62円）
C2370f　62Yen ……………………… —□

【アオウミガメ　*Chelonia mydas*】※種同定の決め手である項甲板と第一肋甲板および前額板が不明瞭だが、C644はアオウミガメとした。根拠は、まず椎甲板が5枚なのでヒメウミガメ属（*Lepidochelys* sp.）ではない。甲羅の縁が滑らかでタイマイ（*Eretmochelys imbricata*）でもない。アカウミガメと本種の2択となるがアカウミガメは頭が胴に比して大きい。

1975.1.28.　昔ばなしシリーズ（第6集 浦島太郎）
C644　20Yen ……………………………… 40□

C2102d　アオウミガメ
2011.8.23.
自然との共生シリーズ第1集
C2102d　80Yen ……………… 120□

ヌマガメ科　Emydidae

ここに挙げた3種をイシガメ科とする分類法もある。本書では読者が動物園・水族館で実物を見られた際に混乱の無きよう、日本動物園水族館協会の分類に従いヌマガメ科とした。

【ヌマガメ科のカメ　*Emydidae sp.*】
C2195a
木画紫檀碁局・碁子
（右手前引き出し）
2014.10.17.
正倉院の宝物シリーズ第1集
C2195a　82Yen ……………… 120□

亀形の碁石入れ

抽出し内は亀形の碁石入れ。図案手前は縁甲板と幅広の項甲板を持つ5本指のカメ。奥（左図）は甲板を持たないので、スッポン類であるとかカメではなくヒキガエル類であるとされる。指の形はスッポンではなく、足の向きはカエルだが指を閉じている点がカエルにあてはまらない。

＊上図は亀形碁石入れの概念図
＊解説は現宮内庁正倉院事務所長の西川明彦氏の論文「木画紫檀碁局と金銀亀甲碁局龕」を基にしている。

【ヤエヤマセマルハコガメ　*Cuora flavomarginata evelynae*】
カメは背甲と腹甲の間の柔らかい部分（C2102dアオウミガメ図案参照）が弱点。ハコガメ類は腹甲を中ほどで折り曲げることで、背甲との隙間をなくし完全な箱となって身を守れる。

C2173e　ヤエヤマセマルハコガメ
2014.5.15.　自然との共生シリーズ第4集
C2173e　82Yen ……………… 120□

【リュウキュウヤマガメ　*Geoemyda japonica*】

属名はギリシャ語のgē（大地）＋emudos（淡水亀）、種名は「日本の」の意。やんばる地方、久米島、渡嘉敷島に生息する固有種で渓流脇等に生息し、水にも入るが陸生が強い。

C713　リュウキュウヤマガメ
1976.3.25.　自然保護シリーズ第3集
C713　50Yen ················· 100□

【ニホンイシガメ　*Mauremys japonica*】

C1577
冨嶽三十六景 穏田の水車

1996.10.1.　国際文通週間（1996年 90円）
C1577　90Yen ················ 180□

R715c
名所江戸百景 深川万年橋

2008.8.1.
江戸名所と粋の浮世絵シリーズ第2集
R715c　80Yen ················ 120□

蓑亀の正体

長い毛の生えた長寿の象徴、蓑亀（みのがめ）の正体は、ニホンイシガメなど水生カメの甲羅に生えた緑藻（緑藻植物門アオサ藻綱のバシクラデラ属 *Basicladia* sp.）が伸びたもの。日光浴や冬眠でも枯れない。

写真提供：ロードバイクPROKU

リクガメ科　Testudinidae

水生動物のイメージが強いカメだが、乾燥地でも暮らせるグループがリクガメ類。主食は植物で昆虫や小動物も食べる。交尾時メスにマウントするためオスの腹甲が凹んでいる種がある。

【ガラパゴスゾウガメ　*Geochelone elephantopus*】

C2156a　ガラパゴス諸島
2013.10.23.
海外の世界遺産シリーズ第2集
C2156a　80Yen ················ 120□

【ビルマホシガメ　*Geochelone platynota*】

C2187a　ビルマホシガメ（幼体）
2014.9.19.
ほっとする動物シリーズ第2集（52円）
C2187a　52Yen ················· 80□

有鱗目　Squamata

爬虫類の鱗は角質が部分的に肥厚したもの。トカゲ亜目とヘビ亜目は非常に近い仲間。その区別は瞬きできるのがトカゲで、できないのがヘビ（一部のヤモリは例外）。

アガマ科　Agamidae

イグアナ科に似るが、歯の生え方が頂生（顎骨に歯槽が発達せず歯が頂縁に直接固定される方式）の点が異なる。分布もアジア、豪州、アフリカでイグアナ科とは重ならない。

【エリマキトカゲ　*Chlamydosaurus kingii*】

C1453
生きものの環

1994.6.3.
環境の日制定
C1453　80Yen ················ 150□

カメレオン科　Chamaeleonidae

樹上生活に適応したトカゲで、前肢の指は外側に2本内側に3本、後肢の指は外側に3本内側に2本が向かい合い、枝を握るのに適す。指の数の図案ミスが非常に多い動物。

【カメレオンの1種　*Chamaeleonidae sp.*】

C2371h　カメレオン
2018.7.27.
動物シリーズ第1集（82円）
C2371h　82Yen ················ ―□

カメレオンの指

カメレオン科の科名はギリシャ語のkhamai（地上の・ドワーフの・矮小の）＋leōn（ライオン）で小さなライオンの意。C2306jのカメレオンは後肢の外側の指が2本となったエラー。3本が正しい。

C2306j　カメレオン座
2017.3.3.
星の物語シリーズ第5集
C2306j　82Yen ················ 120□

……アオダイショウはおとなしい……

C1980fは胴が細ければアオダイショウ（*Elaphe climacophora*）と思われる。本書採録基準からは外れるがN139のいわゆる白蛇はアオダイショウの白化個体（N139のように一部に黄色い鱗が残る変異もある）。アオダイショウは実は日本にのみ分布する固有種で、おとなしく飼いやすい。

（左）C1980f 日本の悪党妖怪(1) （右）N139 奈良井土鈴「福袋巳」
2009.2.23. アニメ・ヒーロー・ヒロインシリーズ第9集
C1980f　80Yen‥‥‥‥‥‥‥‥‥‥‥‥‥120□
2012.11.12. 平成25年用年賀切手
N139　50Yen‥‥‥‥‥‥‥‥‥‥‥‥‥‥100□

クサリヘビ科　Viperidae

この科は全て毒ヘビ。強力な致死性の出血毒、神経毒を持つ種も多い。ヘビ毒には消化の第一段階の側面があり、出血毒の成分は消化酵素で獲物の蛋白質を分解し飲み易くする。

【ガラガラヘビの1種　*Crotalus* sp.】

C1242では尾の先に脱皮殻が重なっているのでガラガラヘビの1種とわかる。ガラガラヘビ類は脱皮の度にできる中空の殻を毎秒50回打ち合わせ、ジャーという音を出し続ける。
C1242
メキシコ国旗と紋章
1988.11.30. 日墨修好通商条約署名100年
C1242　60Yen‥‥‥‥‥‥‥‥‥‥‥‥‥100□

科不明

【トカゲの1種　*Lacertilia* sp.】

C1054　少年と手紙
1985.7.23.
ふみの日（1985年 60円）
C1054　60Yen‥‥‥‥‥‥‥‥‥‥‥‥‥100□

ワニ目　Crocodilia

ワニと鳥は分類上、爬虫類の中の恐竜と同じ主竜類に属する。ワニは後肢が前肢より強く、メスが卵を守り子育てする、砂嚢に石をためて餌を潰すといった鳥に似た特徴を持つ。

科不明

【ワニの1種　*Crocodilia* sp.】
C2370g　ワニ
2018.7.27.
動物シリーズ第1集（62円）
C2370g　62Yen‥‥‥‥‥‥‥‥‥‥‥‥‥─□

両生類・脊索動物門・両生綱

両生類は皮膚腺に多少なりとも毒があり、アマガエルを触った手で目を擦ると腫れることもある。これは皮膚を常に湿らせておく必要から、カビや微生物が生えるのを防ぐためと、捕食された際に吐きださせるため。

無尾目　Anura

目名はギリシャ語のa-(否定の接頭語) + oura(尾)で「尾の無いもの」の意。カエルの成体には尾がないことから。対してサンショウウオ類やイモリ類は有尾目という。

科不明

【カエルの1種　*Anura* sp.】

C1054　少年と手紙
1985.7.23.
ふみの日（1985年 60円）
C1054　60Yen‥‥‥‥‥‥‥‥‥‥‥‥‥100□

C2370i
カエル
2018.7.27.
動物シリーズ第1集（62円）
C2370i　62Yen‥‥‥‥‥‥‥‥‥‥‥‥‥─□

ヒキガエル科　Bufonidae

地上か半地中で暮らし、跳躍力が弱く歩いて移動する。ヒキガエル属には耳腺という毒腺があり、犬がヒキガエルをなめると嘔吐、小腸炎、重症例では頭振、強心作様などを引き起こす。獣医師は犬のヒキガエル中毒と呼ぶ。

【ヒキガエル属の一種　*Bufo* sp.】

C1919c　根付からくり
2004.11.22.
科学技術とアニメ・ヒーロー・ヒロインシリーズ
第6集　楽・ドラえもん
C1919c　80Yen‥‥‥‥‥‥‥‥‥‥‥‥‥120□

アマガエル科　Hylidae

科名はギリシャ語のhule（木の）からで多くの種が樹上性。樹上生活に適応して指に吸盤がある。カエルは体色を周りの色や気分で変えられるが、本科ではとくに色の変化が大きい。

【ニホンアマガエル　*Hyla japonica*】

ニホンとつくが東アジアに広く分布する種。日本両生類切手蒐集家でもあった故千石正一氏と筆者がこのシートの話をした際、「もっと日本にしかいないカエルとかにすりゃいいのに」と言われていた。
C2086f
アマガエルと花
2010.10.18.　生物多様性条約第10回締約国会議記念
C2086f　80Yen‥‥‥‥‥‥‥‥‥‥‥‥‥120□

アカガエル科　Ranidae

科名はラテン語のrana（カエル）から。肢が長く下半身がよく発達しており跳躍や泳ぎが得意。欧州のアカガエル属（*Rana*）は赤い種が多いが、日本では赤より茶色の種が多い。

【トノサマガエル　*Rana nigromaculata*】
カエルにしては珍しく雌雄ではっきり色が違い、オスは黄緑地に黒褐色の斑点、メスは灰白色地に黒い斑点である。オスの頬には鳴嚢（のう）があり、初夏の夜に一斉に鳴く。

C733　鳥獣人物戯画

1977.3.25.　第2次国宝シリーズ第3集
C733　50Yen ……………………………………80□

※以下の「鳥獣人物戯画」については、11㌻のコラム参照。
1990.10.5.　国際文通週間（1990年）
C1312　80Yen ……………………………………120□
C1313　120Yen …………………………………190□

アオガエル科　Rhacophoridae

樹上性の科で、樹上生活に適応した平たい体型とアカガエル科と異なり発達した吸盤を持つ。東南アジアに住む、水かきが飛膜になり樹上から滑空するトビガエル類を含む科。

【モリアオガエル　*Rhacophorus arboreus*】

夜間に水面にはり出した枝に集団で泡巣を作る。この泡はメスが産卵時に出す粘液を肢でかきまわしたもので、卵を乾燥から守る。孵化したオタマジャクシは水面に落ちる。

C714　モリアオガエル

1976.7.20.　自然保護シリーズ第3集
C714　50Yen ……………………………………100□

古代生物・脊索動物門・爬虫綱ほか

ここでは日本切手の古代生物のうち爬虫綱、両生綱、哺乳類型爬虫類にあたるものを一括して分類した。よく誤解されるが翼竜や首長竜、単弓類は恐竜にはあたらない。また分類や動物名がめまぐるしく変わる分野である。

単弓類（綱未定）　Synapsida

単弓類は哺乳類型爬虫類と言われる哺乳類の祖先で、分類上の位置（綱）は定まっていない。独立した単弓綱とする立場もある。哺乳類と同じで側頭窓を1つしかもたない。

【参考】ハンガリー1966年・狩猟杯記念のタブより、アカシカ(♂)の側頭窓（矢印部）。原寸の50%

盤竜目　Pelycosauria

初期の単弓類たちは有名なディメトロドン（*Dimetrodon* sp.）も含めて盤竜類にまとめられる。この盤竜類から獣弓類が進化する。獣弓類の唯一の生き残りが哺乳類である。

エダフォサウルス科　Edaphosauridae

石炭紀後期からペルム紀後期に生息した植物食の単弓類。背の巨大な帆状突起の機能は体温調節と思われていたが、血管が通っていなかったことがわかり、謎のままである。

【エダフォサウルス　*Edaphosaurus* sp.】

R867c　太陽の塔（アナトティタンの下）

2015.10.6.
地方自治法施行
60周年記念
シリーズ　大阪府
R867c
82Yen ………150□

【参考】ギニアビサウ1989年・古生物より、エダフォサウルス。原寸の50%

爬虫類切手を愛した千石正一

「千石センセイ」で親しまれた千石正一氏は動物切手、とりわけ爬虫類切手のコレクターでもあった。先生とは切手の話で大いに盛り上がり、切手や剥製の爬虫類も同定いただいた。平成22年に先生をお招きし、大阪市天王寺動物園で講演いただいた。4年前のご講演時から体調が優れないとおっしゃていたが、今回は車いすでお痩せになられ、お辛いのかいつになくもの静かだった。だが、ひとたび講義が始まると声を張り上げ、ユーモアを交え会場の笑いを誘う一方、「日本人がリクガメやカエルを輸入するので現地の人は怒っている」「生態系から生き物がいなくなるのは人間が自ら足場を崩しているようなものだ」とガンとの闘病中にも関わらず、熱弁をふるわれる先生の気迫に聴衆も引き込まれた。

切手の博物館にて、2010年に開催された「爬虫類切手図鑑」展の講演会にて。子供たちに持参のヘビを触らせる千石正一さん。

爬虫綱　Reptilia

次に挙げる爬虫類のうちクビナガリュウ目は海生爬虫類、翼竜目は皮膜からなる翼を持つ爬虫類であって、恐竜とは別の系統になる。かつての爬虫類はあらゆる環境に進出して栄えていた。

クビナガリュウ目　Plesiosauria

首長竜類は卵を産まず水中で幼トカゲを出産するため、映画「ドラえもんのび太の恐竜（1980年公開。新種記載された2006年にリメイク版公開）」に出てきたのび太が首長竜の卵を暖めるシーンは誤り。しかし名作。

エラスモサウルス科　Elasmosauridae

科名はギリシャ語でelasma（金属の薄い板）＋sauri（トカゲ）で、肩甲烏口骨や骨盤が平たい骨で腹部を覆う板のようだから。長い首を活かしイカや魚を捕食したと思われる。

【フタバスズキリュウ　Futabasaurus suzukii】
属名はfutaba（双葉：福島県いわき市の双葉層で発見された）＋ギリシャ語のsauros（トカゲ）。種名は発見者の鈴木直にちなむ。1968年に発見されたが、新種記載は2006年。

C768　フタバスズキリュウの骨格復元図に星座と国立科学博物館

1977.11.2.　国立科学博物館100年
C768　50Yen ··· 80□

クリプトクリドゥス科　Cryptoclididae

科名はギリシャ語kryptos（隠れた）＋ラテン語cleido（鎖骨）で、左右の肩甲骨と烏口骨からなる肩帯に、鎖骨が隠れて見えないから。ジュラ紀の海生爬虫類で約100本の長い歯を持つ。

【クリプトクリドゥス　Cryptoclidus sp.】
R867c　太陽の塔（エダフォサウルスの下、後ろ姿）

2015.10.6.　地方自治法施行60周年記念シリーズ　大阪府
R867c　82Yen ················ 150□

【参考】ポーランド1965年・古代生物より、クリプトクリドゥス。原寸の50％

翼竜目　Pterosauria

目名はギリシャ語pteron（翼）＋sauros（トカゲ）のとおり、翼竜類は皮膜のあるトカゲであって、恐竜ではない。翼は羽毛ではなく、前肢の第4指と脚の間にはった皮膜。

プテラノドン科　Pteranodontidae

科名はギリシャ語のpteron（翼）＋an-（無い）＋odōn（odūs（歯）のイオニア方言）で「歯の無い翼」の意。中生代白亜紀後期に生息した科で後頭部にとさかを持っていた。

【プテラノドン　Pteranodon sp.】
R867c　太陽の塔（左上）

【参考】サンマリノ1965年・恐竜よりプテラノドン。50％

2015.10.6.　地方自治法施行60周年記念シリーズ　大阪府
R867c　82Yen ··· 150□

鳥盤目　Ornithischia

ここから先の鳥盤目と竜盤目だけを恐竜という。目名はギリシャ語のornitho-（鳥の）＋ラテン語ischium（腰骨・坐骨）から「鳥の腰骨」の意。ほぼ草食性。

ハドロサウルス科　Hadrosauridae

嘴がカモに似るから別名はカモノハシ竜。デンタルバッテリーという葉っぱ型の頬歯が数百〜2000本重なった構造を持ち、最上部の歯が摩耗すると次列の歯に置き換わる。

【アナトティタン　Anatotitan sp.】
R867c　太陽の塔（万博時の名称はトラコドン）（上中央）

2015.10.6.　地方自治法施行60周年記念シリーズ　大阪府
R867c　82Yen ··· 150□

【参考】左：ラオス1988年・古代生物より、肉食恐竜として書かれたアナトティタン（切手にはトラコドンと書かれている）。右：タジキスタン1994年・古代生物より、草食恐竜として書かれたアナトティタン（切手にはアナトサウルスと書かれている）。

科未定

【フクイサウルス・テトリエンシス　Fukuisaurus tetoriensis】

フタバスズキリュウは恐竜ではないため、日本最初の恐竜切手はこれと連刷のR274になる。図案にイグアノドンと書かれているのは、発行当時はまだイグアノドン類の福井竜と呼ばれており、1999年に正式にフクイサウルスとなったため。学名は「手取層群の福井のトカゲ」の意。

R273　フクイサウルス
（印面はイグアノドン）

1999.2.22.　恐竜
R273　80Yen ························· 120□

竜盤目　Saurischia

鳥盤目との違いは骨盤を構成する恥骨の向き。動物食傾向の強い獣脚類と植物食傾向の強い竜脚形類の2グループに分けられる。

ディプロドクス科　Diprodocidae

竜脚形類の長い首と尾を持つ巨大な草食恐竜。科名はギリシャ語のdiploos（二重の）＋dokos（梁）で、背骨の棘突起が二股に分かれ、左右それぞれに靭帯がつき、梁のように巨体を支えているから。

【アパトサウルス　Apatosaurus sp.】

R867c
太陽の塔（万博時の名称はブロントサウルス）（プテラノドンの右）

50%

2015.10.6.
地方自治法施行60周年
記念シリーズ　大阪府
R867c　82Yen ····· 150□

【参考】ポーランド1965年・古代生物より、アパトサウルス（切手にブロントサウルスと書かれている例）。

アパトサウルスか、ブロントサウルスか…

かつてブロントサウルスと呼ばれた恐竜は、アパトサウルスという種と同種とわかり、先に命名されていたアパトサウルスに名前が統一された。しかし、2015年ブロントサウルスはアパトサウルスとは別種あるいは別属とすべきとの研究成果があり、ブロントサウルスが復活するかもしれない。

アロサウルス上科内の1科　Allosauroidea

フクイラプトルはアロサウルス上科と見られているので本書ではそのように分類したが、ティラノサウルス上科との説も出ている。

【フクイラプトル・キタダニエンシス　Fukuiraptor kitadaniensis】

図案にドロマエオサウルスと書かれているのは、当初は前足の大きな鉤爪を後ろ足のものと誤認されドロマエオサウルス科の1種とされたため。フクイラプトルの論文記載は2000年で学名は「北谷層の福井の略奪者」の意。

R274　フクイラプトル
（印面はドロマエオサウルス）

1999.2.22.　恐竜
R274　80Yen ························· 120□

R777a
恐竜と東尋坊

2010.8.9.
地方自治法施行60周年
記念シリーズ　福井県
R777a　80Yen ············· 120□

両生綱　Amphibia

最初に陸上へ進出した4足動物は両生類で、初期は陸でも鰓（えら）呼吸をしていたが、肺呼吸をするものに進化した。その後爬虫類に陸上の支配権を奪われたが、沼地などの淡水で進化を続けマストドンサウルスのような巨大種も現れた。

分椎目　Temnospondyli

有名なエリオプス（Eryops eryops）などを含む巨大両生類のグループである。分椎とは、脊椎骨（背骨）が大きな半月状の間椎心と小さな側椎心に分かれて構成されているもの。

マストドンサウルス科　Mastodonsauridae

両生類にも関わらずサウルス（トカゲ）と付いているのは、最初に発見された歯冠が恐竜のものと誤認されたから。学名は原則変更できないためそのままになっている。

【マストドンサウルス　Mastodonsaurus sp.】

R867c
太陽の塔（中央右）

2015.10.6.
地方自治法施行60周年
記念シリーズ　大阪府
R867c　82Yen ····· 150□

【参考】ポーランド1966年・古代生物より、マストドンサウルス。原寸の50%

両生爬虫類

衣装の意匠

我が国では衣装に鳥や蝶など虫の文様をちりばめる文化がある（C2107）。特に蝶については、他国ではチョウ、ガを問わずマイナスイメージが抱かれていることが多く、かなり珍しい文化といえよう。

衣装で最もよく見かけるのはツルであろう。ツルは死別しない限りパートナーと一生添い遂げる傾向があり、「夫婦の絆」を表す文様として好まれる。花嫁衣裳にツルを描く際は、必ず２羽以上描くそうだ（C2069h）。

皇室が用いている瓜の輪切り形の中にオシドリを配した文様（C15）は皇族しか使用を許されない文様。この文様は既に鎌倉時代の絵巻で皇太子が身につけていた。今もC2051aなどの記念品に、類似した文様の使用が見られる。また、上皇后がご成婚時に持たれた檜扇には、尾長鳥が描かれる（C2051b）。その他の貴族も、宮中では官位に応じて使用できる色や文様が厳密に定められていた（年一度、晴れの日に上位の色模様の着用が許されるなどの例外はあった）。

向蝶（むかいちょう）は二羽の蝶をむき合わせて丸や菱形の中に構成した文様。女房装束の唐衣などに使われ、今も婚礼用の着物や帯に使われる。ところで、現代の十二単は15～20kgとも言われ、歩くのも一苦労らしいが、平安朝はもっと軽かった。当時のカイコガの作る糸は細く（128㌻コラム参照）、重量が40％というから、十二単は６～８kg程度だったことになる。

松喰鶴（まつくいつる）は松の小枝をくわえて飛翔するツル（C38）で、正倉院の花喰鳥文様（87㌻の碁盤参照）を和様化したもの。吉祥文様を代表する松と鶴の取り合わせのため、現代でも礼装に用いられる。向かい合わせのスズメの衣装もあるし（C1110）、吉原のシンボル・吉原雀は壁紙にも使われている（R776e）。

また、歌舞伎では衣装に縫い付けられた家紋や着物の柄で、家柄や人物がわかった。好例がC1351の「寿曽我対面」で、曽我兄弟はどちらも同じ色の着物を着ているが、文様の違いで見分けることができる。というのも曽我物語巻第九・悉達（しった）太子の事に曽我五郎が蝶の直垂を身につけ、曽我十郎が千鳥の直垂を身につけている、とある。これを知っていた昔の人は容易に見分けることができた。

歌舞伎は動物文様の宝庫で、C560「勧進帳」では富樫左衛門の着物にツルとカメが描かれ、C564では熊谷家の家紋「寓生（ほや／寄生木）に鳩」が見られる。鳥ではC509の着物にツバメの文様が入っている。

冒頭の切手のほか、C565にも美しい蝶の文様を見ることができる。蝶以外の虫ではカマキリが武士の衣服の文様に好まれたが、切手はない。

※本コラムで取り上げた切手の動物は、意匠として大きくデフォルメされているため、文様としては比較的実物に近いかたちで描かれているC2069h（ツル）を除き、本編には採録されていない。

＊切手は原寸の55％

第4部

ミヤコタナゴ（122ページに掲載）

魚　類

魚類 Fishes

海産魚・脊索動物門・無顎綱

本章では古代種を含む魚類を海産魚、観賞魚、淡水魚に分け、その中で系統順に配置した。無顎綱は顎骨を持たない脊椎動物のグループで、化石のある最古の脊椎動物は、現生のヤツメウナギ類に類似した無顎綱の魚類であった。

異甲目　Heterostaci

デボン紀の骨板で覆われた甲皮類の魚のうち、頭部の骨板と腹の甲羅が別の骨でできた群。顎はなく、ルンバ（自動掃除機）のように海底を這いまわり餌を吸い込んだ。

Psammosteidae科

本科のドレパナスピス属は甲皮類でも最大種で30〜35cmに達した。体はどらやきのように扁平で、両目は頭甲の両側に離れていた。海底を泳ぎ泥ごと餌を摂取した。

【ドレパナスピス　*Drepanaspis* sp.】

R867c　太陽の塔（アナトティタンの右）
2匹目の尾　1匹目

2015.10.6.
地方自治法施行60周年
記念シリーズ 大阪府
R867c　82Yen ·························150□

【参考】ソロモン諸島2017年・古代水生生物より、ドレパナスピス。原寸の40%

海産魚・脊索動物門・板皮綱

板皮綱はシルル紀に現われた、初めて骨性の顎を持った脊椎動物で、多くは頑丈な装甲を持つ。デボン紀の間に無顎綱の魚は衰退し、替わりに板皮類が繁栄する。デボン紀中期の板皮綱化石は240属も発見され、淡水にも分布した。

胴甲目　Antiarchi

頭甲と胴甲を持つ板皮綱で、胸部両端に1対の付属肢を持つ。この付属肢には関節もあり少し曲げることができた。

ボスリオレピス科　Bothriolepidae

本科のボスリオレピス属だけで100以上の化石種が見つかっている。淡水域に住み肺と見られる構造を持っていた種もおり、それらは陸上の水域を渡り歩いたとの説もある。

【ボスリオレピス　*Bothriolepis* sp.】

R867c
太陽の塔（サソリの下）

2015.10.6.
地方自治法施行60周年
記念シリーズ 大阪府
R867c　82Yen ·························150□

【参考】トーゴ2013年・絶滅生物より、ボスリオレピス・カナデンシス。原寸の50%

目不明

科不明

【甲冑魚2種　Placodermi sp.】

R867c
太陽の塔（サソリの上と上の巻貝の上）

1匹目
2匹目

2015.10.6.　地方自治法施行60周年記念シリーズ 大阪府
R867c　82Yen ·························150□

※甲冑魚という用語は実は分類群の名ではない。無顎綱の翼甲類等と、板皮綱の2綱にまたがる魚群を指す。生命の樹には顎を持つ板皮類の甲冑魚複数種が設置されている。

海産魚・脊索動物門・軟骨魚綱

軟骨性骨格の魚。一生生え換わる歯を持ち、歯と同じ構造の楯鱗に覆われる。硬骨魚類より原始的と思われがちだが、出現時期はほぼ同じシルル紀後期で、白亜紀まではむしろ軟骨魚類の方が繁栄していた。

テンジクザメ目　Orectolobiformes

背鰭は2つとも大きく体の後方にある。棘はなく、尻鰭がある。全種海産で、ジンベエザメを除き海底で生活する。日本近海には12種が生息する。

トラフザメ科　Stegostomatidae

サメの語源は一説にさ（沙）み（魚介）で砂のような皮膚から。楯鱗は別名を皮歯（ひし）ともいい、細かい歯がびっしりと重なりあった構造、いわゆるサメ肌になる。

【トラフザメ　*Stegostoma fasciatum*】
R729c
沖縄美ら海水族館(1)（中央シルエット）

2009.2.2.
旅の風景シリーズ第4集（沖縄）
R729c　80Yen ……………120□

※幼魚時はトラのような模様だが成魚では豹柄。体長とほぼ同じ長さの尾を持つ。サンゴ礁でよく見られるおとなしいサメ。夜行性で貝や甲殻類を食べる。卵生種。全長3.5m。

ジンベエザメ科　Rhincodontidae

トラフザメ科を本科に含める説もある。科名はギリシャ語のrynchos（嘴・口吻）odōn（歯）に由来するので、本来はRryncodontidaeと綴るのが正しい。

【ジンベエザメ　*Rhincodon typus*】

※世界最大の魚。歯は退化し非常に小さい。水面に頭を出してすぐ沈み、バケツを沈めるように吸引力を発生させて海水ごとプランクトンを吸い込む。体表の星模様で個体が識別できる。卵胎生。

R697a　ジンベイザメ

2007.6.1.　沖縄の海
R697a　80Yen ……………120□

R729c
沖縄美ら海水族館(1)

（左）R729d
沖縄美ら海水族館(2)（腹面）

（右）R729f
沖縄美ら海水族館(4)

2009.2.2.　旅の風景シリーズ第4集（沖縄）
R729c,d,f　各80Yen ……………120□

C2114g-h
沖縄美ら海水族館(1)(2)

2012.5.15.
沖縄復帰40周年
C2114g-h
各80Yen ……………120□

エイ目　Rajiformes

エイ目はシビレエイ目、ノコギリエイ目、ガンギエイ目、トビエイ目の4つに分けられるが、本書では水族館の学名札に合わせるため、日本動物園水族館協会の分類法に従い、1つの目とした。

トビエイ科　Myliobatiformes

トビエイは鳥の鳶（とび）＋エイに由来。科名はギリシャ語のmylē（ひき臼）＋batis（ガンギエイ）＋form（形・種類）による。

【リーフオニイトマキエイ（ナンヨウマンタ）　*Manta alfredi*】
Mantaはパナマからガヤキルにかけて行われる真珠漁業のダイバーが、ヒトを食べると恐れたこのエイの現地名。種名alfrediは英王室の故アルフレッド公にちなむ。

C2003eグレート・バリアリーフ
（ナンヨウマンタ）

2006.5.23.　2006日豪交流年
C2003e　80Yen ……………120□

R697e
マンタ（ナンヨウマンタ）

2007.6.1.　沖縄の海
R697e　80Yen ……………120□

（左）R729e
沖縄美ら海水族館(3)（ナンヨウマンタ）

（右）C2341g
マンタ（ナンヨウマンタ）

2009.2.2.　旅の風景シリーズ第4集（沖縄）
R729e　80Yen ……………120□
2017.11.14.　日・モルディブ外交関係樹立50周年
C2341g　82Yen ……………120□

海産魚・脊索動物門・条鰭綱

硬骨骨格を持つ旧の硬骨魚綱の現生種は、鰭に着目して条鰭綱と、シーラカンス類やハイギョ類の肉鰭綱に分割された。条鰭綱は陸上動物を含めた全脊椎動物種の半数を占める巨大グループ。

ウナギ目　Anguilliformes

ウナギは古代ローマでも食材であり、目名はラテン語のanguilla（ウナギ）の属格（所有格）＋form（形）から成る。ウミヘビ科、ウツボ科、アナゴ科などを含む。

ウナギ科　Anguillidae

ヨーロッパウナギ（Anguilla anguilla）を含む科。日本のウナギの数が減って各地で放流されたため、日本に定着している。欧州でも激減し2018年にEUは稚魚の輸出を禁止した。

【ウナギ　Anguilla japonica】

C446　ウナギ
1966.8.1.
魚介シリーズ
C446　15Yen………50□

※anguilla学名は「日本のウナギ」だが日本以外にも台湾、中国、韓国に分布。産卵場所は長らく謎だったが、2011年、西マリアナ海嶺（北緯13度東経142度付近）水深150〜200mと判明。

ニシン目　Clupeiformes

体の横に側線がなく、鱗がはがれやすい。胸鰭は低い位置にあり、背鰭は体の中ほどに、腹鰭はさらに後方にある。カタクチイワシ科などを含み漁業的に重要な目の1つ。

ニシン科　Clupeidae

プランクトンを主食とし、歯はほとんどなく、微小な餌を鰓耙（さいは）で濾し取って食べる。体は細長く、側扁（体を左右から押しつぶしたように平たいこと）する。

【マイワシ　Sardinops melanostictus】

鰯（いわし）は"弱し"から来ており、水から出すとすぐに死ぬから。属名はラテン語のsarda（イワシ）＋ギリシャ語のopsis（顔つき）、種名は「黒い斑点のある」の意。

C2290c
節分（頭）

2016.10.24.
和の食文化シリーズ第2集
C2290c　82Yen………120□

サケ目　Salmoniformes

サケの語源は身が容易に裂けるから。日本では淡水産をマス、海産をサケ（小型種をマス）とよぶが厳密な区分はなく、昔はシロザケ以外のサケをマスと呼んでいた。

サケ科　Salmonidae

科名はラテン語のサケの古名salmoから。側線は非常に明瞭で鱗は剥がれにくい。溶存酸素の多い（1ℓあたり7〜8mg以上）きれいな水であれば淡水でも海水でも住める。

【サケ　Oncorhynchus keta】

属名はギリシャ語onkos（矢じり）＋ギリシャ語rhynchos（嘴）で、繁殖期のオスの顎の曲がった形（C448で顕著）を表す。種名ketaはカムチャッカ地方での本種の呼び名。

C448　サケ
1966.12.1.
魚介シリーズ
C448　15Yen………50□
1980.2.22.
近代美術シリーズ第5集
C845　鮭（♂）
C845　50Yen………80□

ダツ目　Beloniformes

温帯・熱帯を中心に分布する表層魚で、背鰭としり鰭は体の後方にあり上下相対する。腹鰭は復位にある。側線は体側下部にある。ダツ科では両顎がヤリ状に突出する。

サンマ科　Scomberesocidae

2属4種だけの硬骨魚としては小さな科。いずれも側扁した細長い外洋性の魚。マグロなどから逃れるために海面を飛び跳ねるが、胸鰭は小さく滑空はできない。

【サンマ　Cololabis saira】

G172g　さんまと七輪

2017.8.23.　秋のグリーティング（2017年 82円）
G172g　82Yen………120□

トビウオ科　Exocoetidae

胸鰭と腹鰭が発達しグライダーのように滑空しつつ、石で水切りしたときのように海面に波紋を点々と残して飛ぶ。科名はギリシャ語のexōkoitos（浜にきて寝る（魚））から。

【トビウオの1種　Exocoetidae sp.】

沖縄ではトビウオをトゥブーと呼び、飛躍の象徴として縁起がいいとされる。星の物語シリーズ第5集とびうお座（C2306g）にも意匠化されたトビウオ科が描かれている。

C692
地球とアクアポリス

1975.7.19.　沖縄国際海洋博覧会（50円）
C692　50Yen ·································· 90□

スズキ目　Perciformes

条鰭綱で最も種類の多い目で、脊椎動物で最大の目。鰭には棘条が発達。腹鰭は前方にあって胸位あるいは喉位。目名はギリシャ語の魚の1種perkē（パーチ）＋form（形・種類）から。

ハタ科　Serranidae

科名はラテン語のserra（ノコギリエイ）+-anus（〜に属することを示す接尾語）から。本科には美味な魚が多く、釣りや底引き網で漁獲される。肉食魚。

【サクラダイ　Sacura margaritacea】

和名にも学名にも"さくら"とつく、日本を代表するハナダイ。種名はラテン語のmargaritacea（真珠のような）で、図案にはないがオスは美しい真珠模様をもつ。

C645
竜宮（♀）
（左）

1975.1.28.　昔ばなしシリーズ（第6集　浦島太郎）
C645　20Yen ·································· 40□

コバンザメ科　Echeneidae

サメではなく、スズキ目の魚。第1背鰭が小判型の吸盤に変化しているから小判鮫という。吸盤には2列に並んだ板があり、吸着時にこの板を起こして気圧を下げる。

【コバンザメ　Echeneis naucrates】

R729c
沖縄美ら海水族館(1)
（ジンベエザメの直上）

2009.2.2.　旅の風景シリーズ第4集（沖縄）
R729c　80Yen ·································· 120□

アジ科　Carangidae

動物食の貪欲な魚で、釣りでも漁業上も重要な科。幼魚は斑紋を持つが成魚は単色など見た目が異なるので、成長するにつれ違う名で呼ばれることも（いわゆる出世魚）。

【ブリ　Seriola quinqueradiata】

C449　ブリ

1967.2.10.
魚介シリーズ
C449　15Yen ·································· 50□

【イトヒキアジと推定　Alectis ciliaris？】

C645
竜宮(幼魚)？
（右）

1975.1.28.　昔ばなしシリーズ（第6集　浦島太郎）
C645　20Yen ·································· 40□

【コガネシマアジ　Gnathanodon speciosus】

R729d
沖縄美ら海水族館(2)
（右上）

2009.2.2.
旅の風景シリーズ第4集（沖縄）
R729d　80Yen ·································· 120□

【アジ科の1種　Carangidae sp.】

C2242g
あじの干物

2015.11.24.
和の食文化シリーズ第1集
C2242g　82Yen ·································· 120□

⋯⋯⋯⋯ コバンザメはサメじゃない ⋯⋯⋯⋯

サメではなく、硬骨魚類スズキ目に分類される魚なので、味は良い。サメなどの皮膚に自在についたり離れたりできる。その秘密は吸盤にあり、吸盤の中の多数の板を立てたり、寝かしたりすることで吸引力を調整する。これは吸盤つきフックのフックを起こすと、吸盤がせり上がって容積が増え、内部の気圧が下がるのと同原理である。サメに限らずエイ、ウミガメ、ダイバー、タンカーにも貼りつく。コバンザメの吸着力は強力だが、前にずらすと吸盤内の板が倒れ、簡単に外すことができる。

◀コバンザメ
の吸盤部分。

【参考】キューバ1965年・国立水族館の魚より、コバンザメ。原寸の50%

魚類

タイ科　Sparidae

タイは古くは平魚とも書かれ、たいらなことが語源。本科の魚は側扁著しく、櫛鱗(しつりん/同心円状にほぼ1年毎に成長する鱗で遊離端がギザギザなもの)で覆われる。

【タイの1種　Sparidae sp.】

(左) C382　(右) R872b
ともに東海道五拾三次之内『日本橋　朝之景』(中央)

1962.10.7.　国際文通週間(1962年)
C382　40Yen ………………………… 1,200□

2016.6.7.　地方自治法施行60周年記念シリーズ 東京都
R872b　82Yen ……………………………… 150□

(右下) C1892a　東海道五十三次
『日本橋　行列振出』(中段左)

2003.6.12.
江戸開府400年シリーズ
第2集(町人と美)
C1892a　80Yen ………… 120□

C443　マダイ

1966.3.25.　魚介シリーズ
C443　10Yen ………… 50□

魚介シリーズC443にマダイ(*Pagrus major*)とあるが、尾鰭の後縁に黒がないのでチダイ(*Evynnis japonica*)にも見える。確定には尻鰭の軟条が8本ならマダイ、9本ならチダイである。

フエフキダイ科　Lethrinidae

口笛を吹くように口が前方につきだした魚の科。英語ではPig face bream (breamは鯛)と呼ばれている。タイ科に近縁だが背鰭は10棘9軟条、尻鰭が3棘8軟条である。

【キツネフエフキ　*Lethrinus olivaceus*】

R729c
沖縄美ら海水族館(1)(上)

2009.2.2.
旅の風景シリーズ第4集(沖縄)
R729c　80Yen ………………… 120□

ヒメジ科　Mullidae

世界の熱帯・温帯の海には少なくとも1種はヒメジ科がすんでいる。下顎に触鬚(しょくしゅ)がある。科名はラテン語のmullus(鯔(ボラ))から。P142の魚群はアカヒメジ(*Mulloidichthys vanicolensis*)である。

【アカヒメジ　*Mulloidichthys vanicolensis*】

P142
海中の風景(上)

1974.3.15.
西表国立公園
P142　20Yen ……………………… 40□

チョウチョウウオ科　Chaetodontidae

科名はギリシャ語でchaitē (剛毛の)＋odon (歯)で、両顎に小さなブラシ状の歯が密生することから。尖った口でサンゴやミドリイシの隙間の小動物を食べる。

【ニセフウライチョウチョウウオ　*Chaetodon lineolatus*】

C2003e
グレート・バリアリーフ(下の2匹)

2006.5.23.　2006日豪交流年
C2003e　80Yen ………………… 120□

【ハタタテダイ　*Heniochus acuminatus*】

R697b　ハタタテダイ

2007.6.1.　沖縄の海
R697b　80Yen ………………… 120□

【チョウチョウウオ属の1種　*Chaetodon* sp.】

P142　海中の風景(下)

1974.3.15.
西表国立公園
P142　20Yen ……………………… 40□

スズメダイ科　Pomacentridae

短い卵型の体の魚で、背鰭は1基で棘条部は軟条部より長い。観賞魚とされることも多いがここでは自然の海を図案にしているため海産魚に分類した。

【モルディブアネモネフィッシュ　*Amphiprion nigripes*】
C2341f　熱帯魚

2017.11.14.　日・モルディブ外交関係樹立50周年
C2341f　82Yen……………………120□

【カクレクマノミ　*Amphiprion ocellaris*】
クマノミ類はイソギンチャク類等と共生することで有名。イソギンチャクの触手の刺胞は魚を捕殺できるが、クマノミには効かない。この仕組みは長年謎だったが、2015年に愛媛県立長浜高校水族館部の生徒2名が、イソギンチャクはマグネシウムの濃度が高いと毒針を出しにくくなることを突き止め、実験でクマノミの体の粘液にマグネシウムイオンが海水より濃く含まれることを発見した。

(左) R697c カクレクマノミ
(右) C2086j カクレクマノミ

2007.6.1.　沖縄の海
R697c　80Yen……………………120□
2010.10.18.　生物多様性条約第10回締約国会議記念
C2086j　80Yen……………………120□

【ルリスズメダイ　*Chrysiptera cyanea*】

R697d　ルリスズメダイ
2007.6.1.　沖縄の海
R697d　80Yen……………………120□

【ソラスズメダイ　*Pomacentrus coelestis*】

R189 にしうみ海中公園
1996.7.1.　にしうみ海中公園
R189　80Yen……………………120□

【ネッタイスズメダイ　*Pomacentrus moluccensis*】

R189 にしうみ海中公園
1996.7.1.　にしうみ海中公園
R189　80Yen……………………120□

C2003e グレート・バリアリーフ (上～中段の小魚)

2006.5.23.　2006日豪交流年
C2003e　80Yen……………………120□

マカジキ科　Istuiphoridae

科名はギリシャ語でhistion (帆) +pherō (保持する) でバショウカジキ属 (Istiophorus sp.) が海面上に巨大な背鰭を出して泳ぐ姿を帆に喩えたもの。

【意匠化されたカジキ　Istiophoridae sp.】

カジキの語源はとがった前上顎骨で船の加敷 (かじき/和船の最下部にある棚板) を突き通すから。

C2306h　かじき座

2017.3.3.　星の物語シリーズ第5集
C2306h　82Yen……………………120□

サバ科　Scombridae

科名はラテン語のscomber (サバ) に由来。体型は速く泳ぐのに適した流線型で、第2背鰭と尻鰭の後ろに小離鰭 (しょうりき/水の渦流を少なくする三角の鰭) がある。

【マサバ　*Scomber japonicus*】
学名は"日本のサバ"の意だが、世界の亜熱帯・温帯に広く分布する。サバの語源は歯が小さいことから、"小歯 (さば)"や"狭歯 (さば)"となった、など諸説あり。

C447　マサバ

1966.9.1.　魚介シリーズ
C447　15Yen………………50□

【カツオ　*Katsuwonus pelamis*】
属名はkatsuwo (鰹) をラテン語化した造語。種名はラテン語のpelamis (マグロの子) でカツオが成長してマグロになると考えたものか。死後、体側に4～10条の黒い帯が出る。

C444　カツオ

1966.5.16.　魚介シリーズ
C444　10Yen………………50□

C382
東海道五拾三次之内
「日本橋　朝之景」(中央)

R872b　東海道五十三次内
「日本橋　朝之景」(中央左)

＊118ページ浮世絵参照

1962.10.7.　国際文通週間（1962年）
C382　40Yen ………………………… 1,200□
2016.6.7.　地方自治法施行60周年記念シリーズ 東京都
R872b　82Yen ………………………… 150□

(右) R702a
名所江戸百景　日本橋江戸ばし（右下）

↓カツオ

(左) C1892a　東海道五十三次「日本橋　行列振出」(中央左)
＊118ページ浮世絵参照

2003.6.12.　江戸開府400年シリーズ第2集（町人と美）
C1892a　80Yen ………………………… 120□
2007.8.1.　江戸名所と粋の浮世絵シリーズ第1集
R702a　80Yen ………………………… 120□

カレイ目　Pleuronectiformes

両眼が頭の片側にある特異な群。脊椎動物のなかで完全に左右不対称なのはこの群だけである。発育初期には眼は両側にあり、片眼が頭の中心を越えて移動する。

ヒラメ科　Paralichthyidae

【ヒラメの1種　Paralichthyidea sp.】

R776i
名所江戸百景　上野山した（店頭）

2010.8.2.　江戸名所と粋の浮世絵シリーズ第4集
R776i　80Yen ………………………… 120□

※R776iは眼の位置や口の大きさなど鑑別点が見えないがサイズからヒラメと思われる。天然物は眼のない常時下になる面は白い。左側に吊られた白いのがそれで面白い。

フグ目　Tetrafontiformes

主に上顎骨と前上顎骨が癒合して、上顎を突出させることができないため癒顎類とも言われる。えらあなは小さく狭い割れ目状。皮膚が棘（とげ）やかたい骨板で覆われる種がいる。

フグ科　Tetraodontidae

科名はギリシャ語でtetra（4）＋odōn（odūs（歯）のイオニア方言）で歯の数が4本あるフグの属を指す。和名では膨れることからフクと呼んでいた。今も下関や九州ではフク。

【トラフグ　*Takifugu rubripes*】

C450　トラフグ

1967.3.10.　魚介シリーズ
C450　15Yen ………………………… 50□

【シマフグ　*Takifugu xanthopterus*】

※R20はヒレが黄色いことからシマフグである。ふく提灯は本物のフグの皮を用いて作られ、模様の美しいトラフグ、シマフグ、ハコフグ（*Ostracion immaculatus*）などが用いられる。

R20　ふく提灯

1989.11.1.　ふく提灯（山口県）
R20　62Yen ………………………… 100□

観賞魚・脊索動物門・条鰭綱

無顎綱と肉鰭綱は入手困難で、軟骨魚綱は最低でも1メートル以上と大きくなるので大型水槽でないと飼育困難。となると家庭で飼える観賞魚はほぼ硬骨魚類の条鰭綱に限られる

オステオグロッスム目　Osteoglossiformes

別名アロワナ目。白亜紀の最も原始的な真骨類（進化した条鰭類）とその子孫。熱帯性で陸水性の魚類。口内や舌にも歯が生え、このたくさんの歯で獲物を挟み、噛む。

オステオグロッスム科　Osteoglossidae

科名はギリシャ語のostéon（骨）＋glōssa（舌）で、「骨の舌」の意。別名アロワナ科。大型の魚。鱗は大きく頑丈。背鰭と尻鰭が胴体後方に上下相対してついている。

【アジアアロワナ　*Scleropages formosus*】

中国では龍に似るとして龍魚と呼び愛好する。ワシントン条約附属書Ⅰ記載種のため、飼育には登録票が必要である。水槽から外へ飛び出すことがあるため、蓋が必須。

G25i　アロワナ

2008.6.23.　日本インドネシア国交樹立50周年
G25i　80Yen ………………………… 120□

コイ目　Cypriniformes

現生の淡水魚の多数を占める骨鰾上目に属する。ミノウ（ヒメハヤ）類、コイ類、サッカー類、ドジョウ類。科名はギリシャ語のkyprinos（コイ）＋form（形）。

コイ科　Cyprinidae

アジア、南欧、アフリカの一部、北米の淡水魚の多くを占める科。大きな円鱗（同心円状にほぼ1年毎に成長する鱗）に覆われ細長い楕円形。口ひげを持つものが多い。顎には歯がないが咽頭歯（いんとうし）を持つ。

【キンギョ　*Carassius auratus*】

キンギョはフナから作出されたから、学名はフナと同じ。属名はギリシャ語のcharax（海魚の1種）またはフランス語のcarassin（コイ）に由来。種名はラテン語のauratus（金色の）。

G194a　金魚

2018.6.1.　夏のグリーティング（2018年 62円）
G194a　62Yen・・・・・・・・・・・・・・・・・・・・・・・・・・・・・・・・100□

（左）G195d　ゆかた　金魚
（右）C2390g　金魚

2018.6.1.　夏のグリーティング（2018年 82円）
G195d　82Yen・・・・・・・・・・・・・・・・・・・・・・・・・・・・・・・・120□

2018.10.24.　和の食文化シリーズ 特別編シート
C2390g　82Yen・・・・・・・・・・・・・・・・・・・・・・・・・・・・・・・・—□

G160f　金魚鉢

2017.6.2.　夏のグリーティング（2017年 52円）
G160f　62Yen・・・・・・・・・・・・・・・・・・・・・・・・・・・・・・・・100□

【キンギョ（琉金）　*Carassius auratus*】

安永〜天明年間（1772〜1788）に中国から琉球を経て渡来したので、琉金と呼ばれる。さらに細かい品種があり、例えば401のような色は素赤琉金とも呼ばれる。

289　金魚（琉金）　C118　金魚（琉金）

1946.11.15.　第1次新昭和切手
289　5Yen・・・・・・・・・・・・・・・・・・・2,000□ [同図案▶290]

1948.3.8.　大阪通信展記念小型シート
C118　10Yen・・・・・・・・・・・1,700□ [同図案▶C119、C121]

（左）363　金魚（琉金）

1952.5.10.　第2次動植物国宝切手
363　35Yen・・・・・・・・・・・・・・・・・・・・・・・・・・・・・・・・2,000□

（右）401　金魚（7円）（琉金）

1966.7.1.　新動植物国宝図案切手・1966年シリーズ
401　7Yen・・・・・・・・・・・・・・・250□ [同図案▶415、420]

（左）C2180b　金魚（琉金）（中央列）
（右）G160f　金魚鉢（琉金）（左）

2014.7.23.　ふみの日（2014年 52円）
C2180b　52Yen・・・・・・・・・・・・・・・・・・・・・・・・・・・・・・・・80□

2017.6.2.　夏のグリーティング（2017年 52円）
G160f　62Yen・・・・・・・・・・・・・・・・・・・・・・・・・・・・・・・・100□

【ワキン（和金）　*Carassius auratus*】

キンギョの原形といわれる品種で様々な品種のベースになったほか、和金の中にもさらに細かく品種がある。丈夫なため夜店の金魚すくいや動物の餌にも使用される。

C2142b　金魚（和金）

2013.7.23.　ふみの日（2013年 50円）
C2142b　50Yen・・・・・・・・・・・・・・・・・・・・・・・・・・・・・・・・80□

C2180b　金魚（小和金）？
（中段左、右上、左下、右下）

2014.7.23.　ふみの日（2014年 52円）
C2180b　52Yen・・・・・・・・・・・・・・・・・・・・・・・・・・・・・・・・80□

【コイ　*Cyprinus carpio*】

属名はギリシャ語でコイ、種名も近代ラテン語carpio（コイ）なので学名は"コイのコイ"の意。日本在来のコイは野鯉（学名未定）と言い、水深40〜50mに住み分布域も狭い。

（左）C1032　南部鉄器(1)
（右）C1069　砥部焼(1)

1985.8.8.　第1次伝統的工芸品シリーズ第5集
C1032　60Yen・・・・・・・・・・・・・・・・・・・・・・・・・・・・・・・・100□

1986.3.13.　第1次伝統的工芸品シリーズ第7集
C1069　60Yen・・・・・・・・・・・・・・・・・・・・・・・・・・・・・・・・100□

C1727f
川上音二郎と
貞奴の道成寺
(着物両袖)

1999.8.23.
20世紀シリーズ第1集
C1727f　80Yen…………120□

淡水魚・脊索動物門・条鰭綱

日本の淡水魚の種類は海水魚に遠く及ばず、大陸の中国、朝鮮半島に比しても少ない。しかも日本の淡水魚は互いに似ており同定には鰭の条数を数えたり縦列鱗数を数えるなど専門的作業が必要になる。海外からの移入種も多い。

コイ目　Cypriniformes

日本の河川、湖沼で見かけるコイはヤマトゴイやドイツゴイとその交雑種である。野鯉が別種と判明したのはコイヘルペスウィルスで浮いてきた個体をDNA分析した結果。

【ニシキゴイ　*Cyprinus carpio*】

普段見かける黒いコイは外来種のコイで食用に移入されたヤマトゴイ(大和鯉)。食用鯉の色変わり個体を選んで交配し、作り出したのがニシキゴイ。海外でも愛好者が多い。

コイ科　Cyprinidae

日本のフナはゲンゴロウブナ(*Carassius cuvieri*)とギンブナ、ナガブナ、ニゴロブナ等に分けられていたが、DNA分析でゲンゴロウブナ以外は同じフナであることが判明した。

【ミヤコタナゴ　*Tanakia tanago*】

タナゴの語源は田から産まれると考えて、田んぼの子供で"田児(たなご)"という説があり面白いが、実際はC715に見るようにメスに長い産卵管があり、これで生きた二枚貝の中に卵を産みこむ。

(右) R343 (下)

(左) R96　ニシキゴイ

1991.5.1.　錦鯉
R96　62Yen…………………100□

1999.8.2.　栗林公園
R343　80Yen………………120□

C715　ミヤコタナゴ
(左：♀・右：♂)

1976.8.26.
自然保護シリーズ第3集
C715　50Yen…………………100□

C2173d　ミヤコタナゴ(♂)

2014.5.15.　自然との共生シリーズ第4集
C2173d　82Yen……………120□

G25j
ニシキゴイ

2008.6.23.
日本インドネシア
国交樹立50周年
G25j　80Yen………………120□

R807g-h
山古志の春
(新潟県長岡市)

2011.12.1.　ふるさと心の風景10集 (甲信越地方の風景)
R807g-h　各80Yen……………120□

ナマズ目　Siluriformes

目名はラテン語のsilurus(ヨーロッパナマズ)から。肉食。眼は小さく、両顎にある髭で獲物を探す。なお、ドジョウ類はナマズに似た印象があるがコイ目である。

ナマズ科　Siluridae

髭は上顎に1対、下顎に1～数対ある。つまり髭が2対以上あって鱗の無い魚がナマズ科となる。海外では食用に養殖される種も多い。英語でcatfishというのは髭が猫に似るから。

【ナマズ属の1種　*Silurus sp.*】

【意匠化されたマゴイ　*Cyprinus carpio*】

C442　コイ
※側線鱗が少ないので、マゴイではないかも知れない。

1966.2.28.　魚介シリーズ
C442　10Yen…………50□

C1965　難儀鳥

2005.1.11.
国連防災世界会議記念
C1965　80Yen……………150□

キュウリウオ目　Osmeriformes

サケ目から独立した目。目名はタイプ属（目を代表する属）のキュウリウオ（*Osmerus dentex*）から。キュウリウオの鮮魚ではキュウリのような青臭い匂いがする。

キュウリウオ科　Osmeridae

科名はギリシャ語のosmē（匂い）＋eros（愛）でキュウリウオの属名でもある。キュウリの匂いとはだいぶ印象の異なるネーミング。アユはアユ科とされることもあゆ。

【アユ　*Plecoglossus altivelis altivelis*】

属名は舌唇の形態的特徴からギリシャ語plekō（編んだ）＋ギリシャ語glōssa（舌）。種名と亜種名はラテン語のaltus（高い）＋velum（帆）で背びれを帆に見立てたもの。

C81　アユと瓶(1)

1940.2.11.　紀元2600年（10銭）
C81　10Sen ……………………………………900□

C445　アユ

1966.6.1.　魚介シリーズ
C445　10Yen ……………50□

サケ目　Salmoniformes

サケは身が容易に"裂ける"ことが語源。筋肉が赤いのはアスタキサンチン色素によるもので、餌のプランクトンや藻が作った色素が生物濃縮されたもの。

サケ科　Salmonidae

ここでは海に出ない陸封型のサケ科を主に分類した。

【ヤマメ　*Oncorhynchus masou masou*】

別名サクラマス。仔稚魚はイワナ・アメマスより下流に住むか共存し水生昆虫を食べる。成魚はイワナ（*Salvelinus leucomaenis japonicus*）より水面近くにおり餌を横からかすめ取る。

C1671　ヤマメとレンゲツツジ

1998.5.8.
国土緑化（1998年 群馬県）
C1671　50Yen ……………………100□

【ビワマス　*Oncorhynchus masou rhodurus*】

アマゴ（*Oncorhynchus masou ishikawae* 別名サツキマス）と同一亜種とする立場もある。R0518は成魚になると消失するパーマーク（胴体側面の斑点）が描かれているため幼魚である。

R518　ビワマス（幼魚）、シャクナゲ

2001.10.1.
第9回世界湖沼会議
R518　50Yen ……………………80□

【ヒメマス　*Oncorhynchus nerka nerka*】

ヒメマスはベニザケと同じ魚で、一生を湖などで暮らす。阿寒湖に自然分布するが、本州の冷水湖に移植されている。今の日本にはベニザケが恒常的に天然遡上する川はない。

366　マリモ
（上：ベニザケの陸封型）

1956.5.15.
第2次動植物国宝切手
366　55Yen …… 3,300□ [同図案▶427]

【マスノスケ（キングサーモン）
Oncorhynchus tschawytscha】

キングサーモンと言えば北米のイメージがあるが、日本にも回遊して僅かな水揚げがあり、マスノスケの和名がある。

C2050h
釣りキチ三平（キングサーモン）

2009.3.17.
週刊少年漫画50周年I
（週刊少年マガジン）
C2050h　80Yen ………………………120□

【ニッコウイワナ　*Salvelinus leucomaenis pluvius*】

日本にはイワナ属が2種6亜種生息している。本種はイワナ（*Salvelinus leucomaenis*）の亜種で東北・北関東・北陸・山陰の最高水温15℃以下の川に分布。イワナ類は釣り目的で放流されて、相互に交雑や地域間遺伝子汚染が生じている。

C2404 f　ニッコウイワナ

2019.4.12.
天然記念物シリーズ
第4集　黒部
C2404 f　82Yen ……………… —□

魚類

ダツ目　Beloniformes

目名はギリシャ語のbelonē（ヨウジウオ。楊枝魚と書く。belonēの原意は先端・針）＋form（形）から。

メダカ科　Adrianichtyidae

科名はラテン語のAdrianus（アドリア海の）＋ichtys（魚）の意。日本にはメダカだけが分布。このメダカ、ミナミメダカ（*Oryzias latipes*）とキタメダカ（*Oryzias sakaizumii*）に分ける説が有力。

【メダカ　*Oryzias latipes*】

C2126d
メダカ（上：♂、下：♀）

2012.8.23.
自然との共生シリーズ第2集
C2126d　80Yen ………… 120□

トゲウオ目　Gasterosteiformes

1mを越えるヤガラ類も含むが、それ以外は20cm以下の小型種。体が細長く口は小さい。オスが卵を守る種がかなりいて、イトヨでは春の産卵期にオスが水草で巣を作る。

トゲウオ科　Gasterosteidae

日本のトゲウオ類の分類問題は非常に面白く、本も出ている（トゲウオの自然史。北海道大学出版会発行）。

【イトヨ（太平洋系降海型）　*Gasterosteus aculeatus aculeatus*】
背びれの軟条数が12本と数えられるので太平洋系降海型イトヨと判別できる。

C716
イトヨ（上：♀、下：♂）

1976.9.16.
自然保護シリーズ第3集
C716　50Yen ………… 100□

目不明

科不明

【淡水魚の1種　*Actinopterygii sp.*】

（左）R588
長良川の鵜飼（手前ウミウの口もと）

（右）R773a
長良川の鵜飼（左と中央ウミウの口もと）

2003.5.1.　長良川の鵜飼と岐阜城
R588　50Yen ………………………… 80□
2010.6.18.　地方自治法施行60周年記念シリーズ　岐阜県
R773a　80Yen ………………………… 120□

「天王寺動物園開園100周年」フレーム切手制作秘話

▲ 図版1　地味すぎてボツになってしまった初稿図案。
▲ 図版2　玄人好みで勝負したフレーム切手のみほん。

　大阪市立天王寺動物園は1915年（大正4）に開園し、100周年を記念して2014年12月1日にオリジナルフレーム切手が発売された。切手とシート地の写真選定と原稿は、筆者が担当した。
　初稿では開園から10年ごとのスター動物を選定して、日本郵便にレイアウトしてもらったが、白黒写真が多く、地味すぎてボツになってしまった（図版1）。参考に、他園館の○○周年記念のフレーム切手を見ると、ムムッ、どこも現役のカラフルな動物を集めて見栄えで勝負しているではないか。それを見て余計に「ウチは、玄人好みの内容で勝負」と思い、日本でここでしか飼育していないキーウィ（*Apteryx australis*）や、めっちゃカメラ目線のアムールトラ「アヤコ」、通天閣とあべのハルカスをシート地に配したレトロとモダンが同居するデザインが仕上がった。しかし、色チェックにみほん（図版2）を持参した郵便局担当者から、「やっぱりグレーが多いですね」と言われ、少し凹んだ。
　空襲を恐れた軍部の命令で戦時下に処分されたヒョウに、ミルクを与えて育てたのが、ヒョウと写っている飼育係の原 春治氏である（図版3）。実はこの写真を提案した際、日本郵便サイドから「人物写真は肖像権の問題などあって…」と掲載を渋る声があがった

▲ 図版3　戦時下で処分されたヒョウと飼育員の原さん。

のだが、原さんのご遺族から直に掲載許可をいただいていたので、その事情を説明して何とか採用となった。
　また、同時に風景印の製作も希望したのだが、それは通らず、代りに小型印を作ることとなった。天王寺茶臼山号で、切手発売日から2ヵ月間の使用であった。切手は1,000シート売れないと採算が合わないと製作時から言われていたのだが、無事完売し、第2弾が2017年に、第3弾が2019年に発売された。

第 5 部

オオルリシジミ（130ページに掲載）

昆虫類

昆虫類 Insecta

昆虫類・節足動物門・昆虫綱

現生の節足動物は4つの大きな亜門に分けられる。カブトガニ類を含む鋏角（きょうかく）亜門、ムカデ類などの多足亜門、ワラジムシ類・カニ類などの甲殻亜門、昆虫綱と内顎綱（トビムシ目他）からなる六脚亜門である。

チョウ目（鱗翅目） Lepidoptera

ギリシャ語lepido（鱗の）＋pteron（翅）のとおり翅（はね）や体が鱗粉で覆われた目。蝶とガに厳密な区別はない。リンネは古代ギリシャの人名・地名由来の学名を多くの蝶につけた。

ツトガ科 Crambidae

メイガ科から分科された科。イネの茎内部に幼虫が住みつき食害するニカメイガ（*Chilo suppressalis*）など、農業害虫として重要な小型のガが含まれる。

【ツトガ科の一種　*Crambidae* sp.】炎舞❶

C812　炎舞（最下段のガの真上2匹）
1979.6.25.
近代美術シリーズ第2集
C812　50Yen ·················· 80□

ヒトリガ科 Arctiidae

前翅は細長い種や、広い種がいる。翅は赤色、黄色、白色などで美しい種が多い。科名はラテン語のarcti（クマの＜arctosクマの属格）でブラシ状の毛虫がクマに似るから。

【シロヒトリ　*Chionarctia nivea*】炎舞❷

C812　炎舞（左端）
1979.6.25.
近代美術シリーズ第2集
C812　50Yen ·················· 80□

【シロヒトリ　*Chionarctia nivea*】昆虫写生図鑑❶

C1494　速水御舟（画家）
（左から2匹目）
1994.11.4.
第2次文化人切手（第3集）
C1494　80Yen ·················· 150□

【コベニシタヒトリ　*Rhyparioides metelkana*】昆虫写生図鑑❷

C1494　80Yen ·················· 150□

C1494
速水御舟（画家）　　上段右：背面　　腹面

シャクガ科 Geometridae

体をΩ字型に折り曲げ、腹部を前に引き寄せ、次に胸の足を前へ伸ばす、いわゆる尺取虫の歩行をする。科名は秀逸でギリシャ語のgeōmetrēs（土地測量者。尺取虫の古名）。

【エダシャク亜科の1種　*Ennominae* sp.】炎舞❸

C812　炎舞（左：右より2つ目、右：最下段）
1979.6.25.　近代美術シリーズ第2集
C812　50Yen ·················· 80□

【オオシロオビアオシャク？　*Geometra papilionaria*？】炎舞❹

C812　炎舞（右端）
1979.6.25.
近代美術シリーズ第2集
C812　50Yen ·················· 80□

【オオシロオビアオシャク？　*Geometra papilionaria*？】昆虫写生図鑑❸

C1494　速水御舟（画家）　（左端）

1994.11.4.　第2次文化人切手（第3集）
C1494　80Yen ·················· 150□

【キベリゴマフエダシャク　*Obeidia tigrata neglecta*】炎舞❺

C812　炎舞（左より2つ目）
1979.6.25.
近代美術シリーズ第2集
C812　50Yen ·················· 80□

【ヨツメアオシャク　*Thalera lacerataria laceroataria*】昆虫写生図鑑❹

C1494　速水御舟（画家）
（下から2匹目）
1994.11.4.　第2次文化人切手（第3集）
C1494　80Yen ·················· 150□

画家の背景に描かれたのは？

第2次文化人切手・速水御舟の背景は、郵政の報道資料では「炎舞」にも描かれている「蛾」の図を配した"と記されていたが、今回、監修者の調査により、御舟の作品「昆虫写生図鑑」（1925年／大正14年制作）から採られたものであることが判明した。

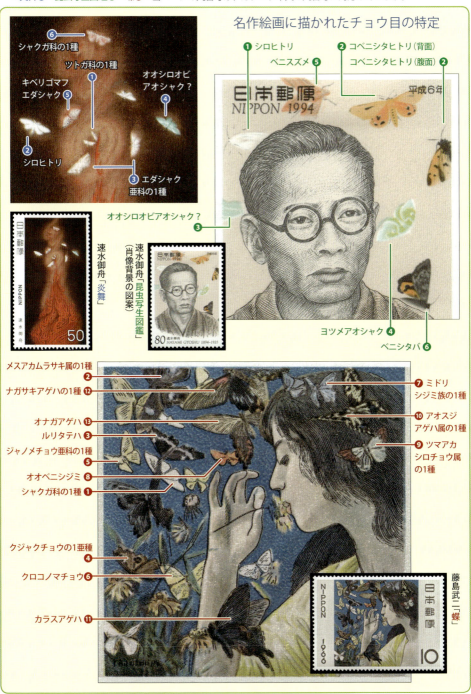

シャクガ科　Geometridae sp.　炎舞❻

C812　炎舞（最上段）
1979.6.25.
近代美術シリーズ第2集
C812　50Yen ·· 80☐

シャクガ科　Geometridae sp.　蝶❶

C457　蝶（左から2列目、上から4匹目）
1966.4.20.　切手趣味週間（1966年）
C457　10Yen ·· 50☐

スズメガ科　Sphingidae

ストロー状の口は長く、種によってその長さの合う花の蜜を吸うので花の種類が決まっている。その花の咲く時間に合わせて活動する。幼虫は尾端に1本の角を持つ。

【ベニスズメ　Deilephila elpenor lewisii 】昆虫写生図鑑❺
鳥類にもベニスズメ（Amandava amandava）（外来種）がいて紛らわしいが、学名で書けば誤ることはない。

C1494　速水御舟（画家）（上段左）
1994.11.4.　第2次文化人切手（第3集）
C1494　80Yen ·· 150☐

【参考】ブータン1997年・虫よりベニスズメ（♂）。原寸の50%

ヤガ科　Noctuidae

種数が非常に多く、主に夜行性。胸は毛で覆われ太く、胴（腹）は流線型。科名はラテン語のnoctua（フクロウ）でこの語はnox（夜）に由来。夜行性のガで夜蛾（ヤガ）。

【ベニシタバ　Catocala electa 】昆虫写生図鑑❻

C1494　速水御舟（画家）（最下段）
1994.11.4.　第2次文化人切手（第3集）
C1494　80Yen ·· 150☐

マダラガ科　Zygaenidae

科名はギリシャ語のzygaenia（シュモクザメ/怪物の1種）で、類縁のスズメガ科（Sphingidae）が怪物スフィンクスを表す科名であることにちなみ命名された。幼虫は毒針毛を持つ種あり。

【ウスバツバメガ　Elcysma westwoodii 】
全体に白い昼行性のガ。幼虫は5〜6月にサクラなどで見られ、黄色と黒の派手な虫でよく目立つ。蛹になる場所を探して木から離れて、這い歩く姿がよく見られる。

C1092　ウスバツバメガ（♂）
1986.11.21.　昆虫シリーズ第3集
C1092　60Yen ·· 100☐

カイコガ科　Bombycidae

成虫の口は退化し、幼虫時代の蓄えで何も食べずオスは3日、メスは1週間ほど生きて次代を残し死ぬ。

【カイコ（蛹）　Bombyx mori 】

C2279a-b　桑と繭　繭と絹布（蛹）

【参考】ルーマニア1963年・養蚕／養蜂よりカイコガ。原寸の50%

2016.8.25.　日本イタリア国交150周年
C2279a-b　各82Yen ······································ 120☐

―――― 養蚕と正倉院 ――――

我が国には弥生時代に養蚕が伝わり、1900年頃には世界一の生糸輸出国となった。皇室では古来養蚕が行われ、"皇后御親蚕（ごしんさん）"として皇居内に飼育所がある。そこで飼われている"小石丸"という品種は、糸が細く収量が少ないので飼育数は少ないが、古代の生糸に近いことから正倉院の宝物などの復元に使われている。

ミノガ科　Psychidae

幼虫はミノムシと呼ばれる。成虫メスは翅が退化しており、一生を蓑の中で終える。科名はギリシャ語のpsychē（蛾・霊魂・神話の少女プシューケー）から。

【ミノガ科の1種　Psychidae sp.】

C2387d　むし（幼虫）
2018.10.17.
森の贈りものシリーズ第2集（82円）
C2387d　82Yen ·· —☐

タテハチョウ科　Nymphalidae

中〜大型で、表と裏の模様が異なる。前脚が退化し小さく畳んでいるため、4本脚に見える。DNA分析の結果旧マダラチョウ科と旧ジャノメチョウ科は本科に含まれた。

【ツマグロヒョウモン　Argyreus hyperbius 】
属名はギリシャ語でargyreos（銀の）、種名はhyperbios（圧倒的な力強さの）の意。メスのみ前翅端が紫黒色で斜めの白帯がある。暖地産大型ヒョウモン類に見られる夏眠をしない。

G162d　流れ行く山の季節（部分）（♀）
2017.6.7.　日本の絵画
G162d　82Yen ·· 120☐

【オオウラギンヒョウモン　*Fabriciana nerippe*】
属名はデンマークの昆虫学者でリンネの高弟ファブリキウスにちなむ。日本のヒョウモン類で最大種。外べりの銀紋はm字型。食草はスミレ。5～7月に出現し幼虫で越冬。

C1284　緑の世界(♂)
1990.6.1.　第1回郵便切手デザインコンクール (62円)
C1284　62Yen……………100□

【メスアカムラサキ属の1種　*Hypolimnas sp.*】蝶❷

C457　蝶(左列上から4匹目)
1966.4.20.　切手趣味週間 (1966年)
C457　10Yen………………50□

【コノハチョウ　*Kallima inachus eucerca*】

属名はギリシャ語のkallimos(美しい)、種名は古代アルゴスの王イーナコスに由来。亜種名はギリシャ語でeu(優美な)＋kerōs(角)で「美しい角のある」の意で、尾状突起にちなむ。
C1102　コノハチョウ(♂)
1987.3.12.　昆虫シリーズ第5集
C1102　60Yen…………………100□

【ルリタテハ　*Kaniska canace nojaponicum*】蝶❸

C457　蝶(左から2列目、上から3匹目)
1966.4.20.　切手趣味週間 (1966年)
C457　10Yen………………50□

【クジャクチョウの1亜種　*Inachis io spp.*】蝶❹

C457　蝶(左列上から4匹目)
1966.4.20.　切手趣味週間 (1966年)
C457　10Yen………………50□

【オオイチモンジ　*Limenitis populi*】

日本の高山蝶で最大種。高山の夏は短いので成虫の飛ぶ期間もごく短い。属名は女神アルテミスの別名リメーニティス(港の女の意)、種名は(植物の)「ポプラ」の意。
C2280f　オオイチモンジ(♀)
2016.9.23.　天然記念物シリーズ第1集
C2280f　82Yen…………………120□

【オオムラサキ　*Sasakia charonda*】
6～7月に見られ幼虫で越冬する。食草はエノキ、エゾエノキ。属名は昆虫学者佐々木忠次郎、種名は古代の立法学者カローンダスにちなんだもの。メスの翅には紫がない。

(左) 367　オオムラサキ
(右) C1105　オオムラサキ(♂)
1956.6.20.　第2次動植物国宝切手
367　75Yen………1,800□ [同図案▶1966年シリーズ410]
1987.3.12.　昆虫シリーズ小型シート
C1105　40Yen…………………80□

(右) G37c　空の花束(♂)(右下)
(左) R478　アズマシャクナゲ、白樺、オオムラサキ(♂)
2001.5.18.　国土緑化 (2001年 山梨県)
R478　50Yen…………………80□
2010.1.25.　春のグリーティング (2010年 フラワー)
G37c　80Yen…………………120□

【オオゴマダラ　*Idea leuconoe*】

南西諸島に生息しほぼ1年中見られる。日本のチョウでは最大種。食草はホウライカガミ。オスは前翅の側面のくぼみが小さく、メスでは大きい。
C1775　デイゴとオオゴマダラ
2000.6.21.　九州・沖縄サミット
C1775　80Yen…………………120□

【アサギマダラ　*Parantica sita*】

後翅に黒い性標があるのがオス。食草はカメバヒキオコシ、キジョラン。属名はサンスクリット語のparāntika(シヴァ神の別名)との説あり、種名はインドの農耕の女神シータから。
C1098　アサギマダラ(♂)
1987.1.23.　昆虫シリーズ第4集
C1098　60Yen……100□ [同図案▶昆虫小型シートC1098A]

昆虫類

【メネラウスモルフォ　*Morpho menelaus*】

美しい光沢は構造色(鳥類98🔍参照)によるもの。属名はギリシャ語のmorphē（形、女神アフロディテの別名で美しいの意も）、種名はアポローンの子のメネラウスから。

C2037i　メネラウスモルフォ(♂)
（上下とも）

2008.6.18.　日本ブラジル交流年
C2037i　80Yen ································ 120□

【ジャノメチョウ亜科の1種　*Satyrinae sp.*】蝶❺

C457　蝶（左列上から2匹目）

1966.4.20.　切手趣味週間（1966年）
C457　10Yen ································ 50□

【クロコノマチョウ　*Melanitis phedima*】蝶❻

C457　蝶（手首の左下）

1966.4.20.　切手趣味週間（1966年）
C457　10Yen ································ 50□

シジミチョウ科　Lycaenidae

シジミチョウ類は翅の表と裏が全く異なる。裏面(腹側)は地味だが、表面(背面)は美しいものが多い。同種のチョウが来ると、しばらく互いの周りを飛び回る。

【キリシマミドリシジミ
Chrysozephyrus ataxus kirishimaensus】

C1089　キリシマミドリシジミ
（上:♂、下:♀)

1986.9.26.　昆虫シリーズ第2集
C1089　60Yen ································ 100□

【オオルリシジミ　*Shijimiaeoides divinus barine*】

5〜6月に見られ、蛹で越冬する。属名はShijimia（ゴイシツバメシジミ属）+-oides（〜に似た）の意で、種名はラテン語のdivinus（神の）の意。

C2102e　オオルリシジミ(♂)

2011.8.23.　自然との共生シリーズ第1集
C2102e　80Yen ································ 120□

【ミドリシジミ族の1種　*Theclini sp.*】蝶❼

C457　蝶（上段右から2匹目）

1966.4.20.　切手趣味週間（1966年）
C457　10Yen ································ 50□

【ヤリガタケシジミ
Lycaeides subsolana yarigadakeana】

C2275f　ヤリガタケシジミ(♂)

2016.8.10.　山の日制定
C2275f　82Yen ································ 120□

【ヤマトシジミ?　*Zizeeria maha argia*?】

G37c　空の花束（左上）

2010.1.25.　春のグリーティング
（2010年 フラワー）
G37c　80Yen ································ 120□

【ベニシジミ　*Lycaena phlaeas*】

4月、6〜7月、9〜10月に見られ、幼虫で越冬する。食草はスイバ、ギシギシ。属名は女神アルテミスの別名lykaina、種名はヴィーナスの別名から。

516　ベニシジミ（春型♂）

1997.11.28.　平成切手・1994年シリーズ
516　30Yen ································ 60□

【オオベニシジミ　*Lycaena dispar*】蝶❽

C457　蝶（小指の先）

1966.4.20.　切手趣味週間（1966年）
C457　10Yen ································ 50□

シロチョウ科　Pieridae

白色と黄色を基本とした単純な模様の種が多い。後翅には尾状突起がない。幼虫は緑色でアオムシと呼ばれる。科名はギリシャ神話の9人姉妹ピーエリスに由来する。

【クモマツマキチョウ　*Anthocharis cardamines*】

5〜6月に見られる高山蝶。雌雄で模様が違うが、後翅裏面は雌雄ともに草色の雲形模様となるのでこの名がある。幼虫はミヤマハタザオを食草とする。蛹で冬越しする。

(左) C1104
クモマツマキチョウ（上:♂、下:♀)

(右) C2280i
クモマツマキチョウ(♂)

1987.3.12.　昆虫シリーズ小型シート
C1104　40Yen ································ 80□

2016.9.23.　天然記念物シリーズ第1集
C2280i　82Yen ································ 120□

【ツマベニチョウ　*Hebomoia glaucippe*】
日本産のシロチョウ科では最大種。前翅端には黒色部で囲まれた橙赤色の三角斑があり、端（つま）が紅色でこの名がある。春型ではメスに後翅の黒点が強く現れる。

C1908　奄美の杜(右：♂、左：♀)
2003.11.7.　奄美群島復帰50周年
C1908　80Yen·······························150□

【モンシロチョウ　*Pieris rapae*】
天敵に見つからないようキャベツなどアブラナ科の食草の葉の裏に卵を産む。蛹で越冬し、年6～7回発生する。種名はラテン語rapae（カブラの）で食草にちなむ命名。

(右) C1128
あやめ草

(左) 462アブラナとモンシロチョウ (上：♂、下：♀)
1980.10.1.　新動植物国宝図案切手・1980年シリーズ
462　40Yen······························70□
1988.1.23.　奥の細道シリーズ第4集
C1128　60Yen·····························100□

【モンキチョウ　*Colias erate poliographus*】
年4～5回発生し3～9月に見られる。オスの翅にピンクの縁毛がある。キチョウと同じく翅を閉じて止まる。シロツメクサなどのマメ科植物が食草。幼虫で冬越しする。

(左) G3b
ドラミちゃんといっしょ(♂)

(右) G7c
福よ来い(♂)

1997.5.2.
グリーティング切手(ドラえもん)
G3b　80Yen······························120□
2003.2.10.　グリーティング切手(青いシート)
G7c　80Yen······························120□

G37a
春のブーケ(♂)

2010.1.25.　春のグリーティング
(2010年 フラワー)
G37a　80Yen······························120□

(右) G37d
ト音記号(♂) (左)

2010.1.25.　春のグリーティング
(2010年 フラワー)
G37d　80Yen······························120□

【ミヤマモンキチョウ　*Colias palaeno*】
7月にだけ見られ幼虫で冬越しする。食草はクロマメ。属名は女神アフロディーテの別名であり神殿のある岬の地名。種名はギリシャ神話のダナオスの50人の娘の一人から。

C2280j　ミヤマモンキチョウ
2016.9.23.　天然記念物シリーズ第1集
C2280j　82Yen·····························120□

【ツマアカシロチョウ属の1種　*Colotis sp.*】蝶❾

C457　蝶
(右の上から2番目)
1966.4.20.　切手趣味週間(1966年)
C457　10Yen······························50□

【シロチョウ科の1種　*Pieridae sp.*】

(左) C830
ふるさと

(右) G1e
花とともだち

1979.11.26.　日本の歌シリーズ第2集
C830　50Yen······························80□
1995.6.1.　グリーティング切手(1995年)
G1e　80Yen······························120□

(左) C2296f
きつねがひろったイソップものがたり

(右) C2120h
船編むレース

2016.11.25.
童画のノスタルジーシリーズ第4集
C2296f　82Yen·····························120□
2012.7.3.　季節のおもいでシリーズ第1集(夏)
C2120h　80Yen·····························120□

昆虫類

131

C871
花（着物柄）

C1990c　ヨーゼフ　ハイジ(2)（鼻先）

1981.3.10.　日本の歌シリーズ第9集
C871　　60Yen ································· 100□
2013.1.23.　アニメ・ヒーロー・ヒロインシリーズ第19集
C1990c　80Yen ································· 120□

アゲハチョウ科　Papilionidae

大型で、後翅に尾状突起を持つ種が多い。春型は、夏型より小さく、模様も異なる。幼虫はイモムシ型で、触ると黄色や赤の肉角（臭角）を頭から突き出し、臭いを出す。

【ミカドアゲハ　*Graphium doson albium*】

属名はギリシャ語のgraphē（線画）＋-ium（縮小辞）で「小さな絵」の意。種名はアレキサンダー大王軍のドーソーン将軍。亜種名はラテン語のalbidus（白みがかった）から。

（左）C750
ミカドアゲハ（紅斑型）、ヤブカラシ

（右）513
ミカドアゲハ

1977.5.18.　自然保護シリーズ（第4集、昆虫）
C750　　50Yen ································· 100□
1994.4.25.　平成切手・1994年シリーズ
513　　15Yen ································· 40□

【アオスジアゲハ属の1種　*Graphium* sp.】蝶⑩

C457　蝶
（右上）

1966.4.20.
切手趣味週間（1966年）
C457　　10Yen ············· 50□

【ギフチョウ　*Luehdorfia japonica*】

4月〜5月に見られ「春の女神」とも呼ばれる。明治時代に岐阜県で確認された事が語源で、本州で広くみられる。メスの尾端には交尾後に生じる付属物がつくことがある。

C861　ギフチョウ（♂）

1980.8.1.　第16回国際昆虫学会議
C861　　50Yen ································· 80□

【ヒメギフチョウ　*Luehdorfia puziloi*】

R677は翅表の外側にある黄色斑が一列に並んでいるのでヒメギフチョウ。ギフチョウではこの黄色斑のうち一番上が内側へずれる。C861のギフチョウ図版でよくわかる。

R677
ゲンゲ、ギフチョウ、乗鞍岳

2006.5.19.
国土緑化（2006年 岐阜県）
R677　　50Yen ································· 80□

【ウスバキチョウ（キイロウスバアゲハ）
Parnassius eversmanni daisetsuzanus】

7月に見られ、卵と幼虫で冬越しする。成虫になるのに丸2年かかる。属名はギリシャのパルナッソス山、種名はソビエトの昆虫学者名、亜種名は大雪山に由来する。

C1084　ウスバキチョウ
（キイロウスバアゲハ）

1986.7.30.　昆虫シリーズ第1集
C1084　　60Yen ······· 100□［同図案▶昆虫小型シートC1084A］

【カラスアゲハ　*Papilio dehaanii*】蝶⑪

C457
蝶（中央下）

1966.4.20.
切手趣味週間（1966年）
C457　　10Yen ································· 50□

【ナガサキアゲハの1亜種　*Papilio memnon* spp.】蝶⑫

C457　蝶
（上段左から4匹目）

1966.4.20.　切手趣味週間（1966年）
C457　　10Yen ································· 50□

【クロアゲハ　*Papilio protenor*】

オナガアゲハとの区別は前翅が全体に太く、尾状突起がより短いこと。5月と7〜8月の2回見られ蛹で越冬する。カラタチ、ミカンが食草で幼虫はピンクの臭角を持つ。

C1889j
四季花鳥図巻
牡丹と芍薬と蝶（♀）

2003.4.1.
日本郵政公社設立記念
C1889j　80Yen ································· 120□

【オナガアゲハ　*Papilio macilentus*】蝶⑬
C457　蝶（中央上から2匹目）
1966.4.20.
切手趣味週間（1966年）
C457　10Yen…………50□

【アゲハ属の1種　*Papilio* sp.】

C1684
動植綵絵・芍薬群蝶図、チョウ（右）

1998.10.6.　国際文通週間（1998年 130円）
C1684　130Yen……………………260□

科不明

【チョウの1種　*Lepidoprera* sp.】

C1872
バラやハイビスカス等の花束

※前翅と後翅の重なりが逆に描かれている。
2002.8.1.
第12回世界精神医学会横浜大会
C1872　80Yen……………………150□

C1684　動植綵絵・芍薬群蝶図、チョウ（中央）

1998.10.6.　国際文通週間（1998年 130円）
C1684　130Yen……………………260□
※1999年・国際文通週間C1758（北斎の花鳥画「牡丹に蝶」）にもチョウ目が描かれているが、まったくの創造物のため採録していない。

虫愛ずる国

源氏物語絵巻第38巻鈴虫（一）には、塗り師への指示として庭に鈴虫と墨書きされている。切手になった鈴虫（二）の場面は、源氏が女三の宮のもとで、庭にすだく鈴虫の音を愛でながらひとり琴をひいていると、夕霧や蛍兵部卿が訪ねてきて管弦の宴となった場面。外国人からすると日本の夜の虫の声がうるさく感じることもあるらしい。また、上野動物園に滞在したセミを知らないドイツの飼育係がアオギリの樹を指して「あの鳴く木をください」と古賀忠道園長に言ったエピソードもある。

C2042b　「源氏物語」一千年紀「鈴虫（二）」

ハチ目（膜翅目）　Hymenoptera

目名はギリシャ語のhymēn（膜）から。4枚の膜状の翅を持ち、膜翅目ともいう。前後の翅は細かいフックで繋がり1枚の翅として動く。口はかむ形で大あごが発達する。

ミツバチ科　Apidae

口は咬むこともできるが、ミツバチは口吻が長く、舌はブラシ状で蜜を吸い取り、舌先端はスプーンになっている。これは咀嚼吸収口器といい、昆虫で最も進化した口とも。

【セイヨウミツバチ　*Apis mellifera*】
ミツバチの針は産卵管が変化したもののためメスにしかない。針には"かえし"があり、相手に刺すと抜けなくなる。針は胴体からちぎれ、刺したメスは死に至る。

C1061
イチゴとミツバチ（♀）

1985.10.9.
第30回国際養蜂会議
C1061　60Yen………100□

【ニホンミツバチ　*Apis cerana japonica*】
アジアに生息するトウヨウミツバチ（*Apis cerana*）の亜種。セイヨウミツバチの方が蜜が多く養蜂に適するため、一時駆逐された。おとなしいが巣を刺激すると向かってくる。

515
ニホンミツバチ（♀）
1997.11.28.
平成切手・1994年シリーズ
515　20Yen……………………40□

科不明

【ハチの1種？　*Hymenoptera* sp.？】

C1756　菊に虻
1999.10.6.
国際文通週間（1999年）
C1756
110Yen…………220□

※C1756に描かれたのは、翅が4枚あることからアブではなくハチであるが、このような翅脈のハチは存在しない。顔はハエに近い。秋に現れキクを好むことと、胸部が黄色く尾がとがることよりムカシハナバチ科のアシブトミツバチモドキ（*Colletes patellatus*）を想定して書かれた可能性が考えられる。

昆虫類

アリ科　Formicidae

アリとハチはごく近いなかまで、働きアリ、大きな頭と大あごを持つ兵アリ、女王アリなど役割が分かれた高度な社会をハチ同様に形成する。

【アリ　Formicidae sp.】

（左）C1844
みんなでつくろう安心の街(1)
2001.10.11.
みんなでつくろう安心の街
C1844　80Yen ………………… 120□

（右）C1523
みんななかよし

（左）C2296f　きつねがひろったイソップものがたり
2010.11.25.　童画のノスタルジーシリーズ第4集
C2296f　82Yen ………………… 120□
1995.8.1.　平和50周年（広島・長崎平和記念）
C1523　50Yen ………………… 100□

コウチュウ目（鞘翅目）　Coleoptera

昆虫綱の4割を占める生物界最大の目。前翅は硬化して翅鞘となり体の正中線で左右の翅が接する。完全変態。目名はギリシャ語でkoleon（鞘/さや）＋ptera（翼の複数形）。

カミキリムシ科　Cerambycidae

本科に属する昆虫は生木寄生性、枯死木寄生性、木材寄生性のものなどに分けられる。捕まえるとギイギイと音を出す種も。髪を齧ると思われたことから髪切虫とついた

【ルリボシカミキリ　Rosalia batesi】

日本全土に分布するが滅多に見られない。幼虫は枯れ木を食べ、成虫は広葉樹の倒木や薪を食べる。死ぬとこの美しい青は褪せてしまうので、構造色でないことがわかる。

C1086　ルリボシカミキリ
1986.7.30.　昆虫シリーズ第1集
C1086　60Yen ………………… 100□

テントウムシ科　Coccinellidae

米国ではladybug、英国・豪州ではladybird、両国の昆虫学者からはlady beetleと呼ばれる。このladyは聖母マリアのことで、テントウムシは聖母マリアの祝福を受けた虫とされている。

【テントウムシ(ナミテントウ)　Harmonia axyridis】
色と模様は変異が多く、無紋から4紋、6紋、橙色地に9紋の個体も。紋の形も円以外に三日月型や融合紋など様々。ヨモギやカラスノエンドウにつくアブラムシ等を捕食。

514　テントウムシ（ナミテントウ）（右）
1994.1.13.　平成切手・1994年シリーズ
514　18Yen ………………… 40□

【ナナホシテントウムシ　Coccinella septempunctata】
よく解説にテントウムシとだけ書かれているが、図案の2匹は異なる種。アブラムシ類を食べる。テントウとは天道のことで、お天道（てんと）様を目指し飛ぶことから。

514　テントウムシ（左）
1994.1.13.　平成切手・1994年シリーズ
514　18Yen ………………… 40□

（右）C1523
みんななかよし（左）
1995.8.1.
平和50周年（広島・長崎平和記念）
C1523　50Yen ………………… 100□

ホタル科　Lampyridae

卵から幼虫、蛹も光る。日本では水辺の虫と思われているが、世界的には森林性の種が多い。幼虫期は肉食で、森林性の種はナメクジ等に分泌液をかけ麻痺させて食べる。

【ゲンジボタル　Luciola cruciata】
図案では尾部の1節だけが光っているのでメス。オスは尾部の節が2つ光り、その分明るい。

C751　ゲンジボタル（♀）
1977.7.22.
自然保護シリーズ
（第4集、昆虫）
C751　50Yen ………… 100□

コガネムシ科　Scarabaeidae

体は太い米粒型で触覚の先はえら状。オスは大きく頭や胸に角を持つ種がいる。幼虫は土の中、腐った植物内、糞内で育つ。成虫は植物の葉や花粉、動物の糞を食べる。

【ヒゲコガネ　*Polyphylla laticollis*】

太く大きいヒゲ（触角）を持つのがオス。掴むとシューシューいう。沖縄から本州まで分布。幼虫は土中で育ち木の根を食べる。

C1101　ヒゲコガネ（♂）

1987.3.12.　昆虫シリーズ第5集
C1101　60Yen ……………………………… 100□

【カブトムシ　*Trypoxylus dichotomus septentrionalis*】
属名はギリシャ語のtrupē（穴を空ける）＋xylon（木）で「木に穴をあける」の意。種名はギリシャ語で「二又の」の意で角の形から。亜種名はラテン語で「北方の」の意で語源はseptentrio（北斗七星）から。

（左）421　カブトムシ（♂）
（右）R471　磐梯山と少年の夢（♂）

1971.7.15.　新動植物国宝図案切手・1967年シリーズ
421　12Yen ……………………………… 30□

2001.4.10.　うつくしま未来博
R471　80Yen ……………………………… 120□

【ヤンバルテナガコガネ　*Cheirotonus jambar*】

♂は前脚が♀より発達し脛節が棘状になる。日本固有種。種名jambarは「ジャンバル」ではなく「ヤンバル」と読む（jは古代ローマではヤ行で発音した）。

C1099　ヤンバルテナガコガネ（♂）

1987.1.23.　昆虫シリーズ第4集
C1099　60Yen ……………………………… 100□

【コアオハナムグリ　*Oxycetonia jucunda*】
日本全土に分布する体長11〜16mmの小さなハナムグリ。ハナムグリは"花潜り"の意。

512　コアオハナムグリ

1997.11.28.　平成切手・1994年シリーズ
512　10Yen ……………………………… 30□
［同図案▶540コイル］

クワガタムシ科　Lucanidae

科名は古代ローマでプリニウスがクワガタムシに用いた名のlucanusから。オスには大顎がある。触角はL字型に曲がっている。成虫は夜行性で樹液を舐める。

【ミヤマクワガタ　*Lucanus maculifemoratus maculifemoratus*】

ミヤマは深山と書き、標高400mくらいに住むとされるが、関西では結構低地・平地でも見つかる。種名はラテン語でmaculo（染まった）＋femoris（大腿の属格）でメスの大腿部がオレンジ色だから。

C1096　ミヤマクワガタ（♂）

1987.1.23.　昆虫シリーズ第4集
C1096　60Yen ……………………………… 100□

【ヨナグニマルバネクワガタ　*Neolucanus insulicola donan*】

C2138d　ヨナグニマルバネクワガタ（♂）

2013.5.23.
自然との共生シリーズ第3集
C2138d　80Yen ……………… 120□

【オオクワガタ　*Dorcus hopei binodulosus*】

ホペイオオクワガタ（*Dorcus hopei*）の亜種。属名はギリシャ語のdorkas（シカの1種またはドルカスガゼル（*Gazella dorcas*）の説も）で角と大顎の相似から。亜種名はラテン語のbi（2つの）＋nodulus（瘤）で左右の眼上突起から。

C1088　オオクワガタ（♂）

1986.9.26.　昆虫シリーズ第2集
C1088　60Yen ……………………………… 100□

タマムシ科　Buprestidae

体は金属質の光沢があり、この色は構造色のため死後も輝きは変わらない。C1200の玉虫厨子にはヤマトタマムシ（*Chrysochroa fulgidissima*）の前翅が数千枚使われていたらしい。

【オガサワラタマムシ　*Chrysochroa holstii*】

頭の先はうつむいて下を向いている。幼虫は木の材部や枯れ木を食べる。タマムシ類は体が重いので、体を垂直にしてあたかも立ったまま飛ぶかのような独特の飛行をする。

C1095　オガサワラタマムシ

1986.11.21.　昆虫シリーズ第3集
C1095　60Yen ……………………………… 100□

オサムシ科　Carabidae

本科のオサムシ亜科は日本では35種ほどが知られ、一部の種を除き後翅が退化して飛べないため地理的変異が生じる。いわば虫の定常変異であり、熱心な収集家がおられる。

【マイマイカブリ　*Damaster blaptoides*】

日本固有種で7亜種が知られる。カタツムリ（別名マイマイ）を捕食することで知られる。掴むとメタアクリル酸とエタアクリル酸からなる液を噴射し手につくと痛い。

C1091　マイマイカブリ
1986.9.26.　昆虫シリーズ第2集
C1091　60Yen……………100□

アミメカゲロウ目（脈翅目）　Neuroptera

アブラムシなどの昆虫を食べる肉食性。幼虫は水生であるが成虫は陸生。翅脈は横脈が連結して多くの小室を作り、網目状になるので別名を脈翅目。

ツノトンボ科　Ascalaphidae

全体はトンボ類に似るが、カゲロウに似た長い触角をもち、飛び方はトンボ類と全く違う。蝶のようにひらひら飛ぶ。

【キバネツノトンボ　*Ascalaphus ramburi*】

尾の先端に鉤状突起がある。後翅の色彩が前翅と全く違う。幼虫はウスバカゲロウ類の幼虫のアリジゴクに似るが、前に進めないアリジゴクと異なり歩いて餌を探す。

C1100　キバネツノトンボ（♂）
1987.3.12.　昆虫シリーズ第5集
C1100　60Yen……………100□

カメムシ目（半翅目）　Hemiptera

不完全変態する虫で最も多様化して栄えている目。目名のギリシャ語のhemi（半分の）＋pteron（翅）より別名を半翅目。口は針状で植物の汁や動物の体液・血を吸う。

セミ科　Cicadoidae

幼虫も成虫も長い口吻内に針を持ち、木に刺して汁を吸う。不完全変態。オスは腹板を持ち、背中の発音板を震わせて鳴く。腹板の動きは種によって違うので声が変わる。

【エゾゼミ　*Lyristes japonicus*】

エゾゼミという名だが東北地方では平地、本州中部以西では標高500〜1000mで見られる森林性のセミ。

C1094　エゾゼミ
1986.11.21.　昆虫シリーズ第3集
C1094　60Yen……………100□

※C1094エゾゼミの印面の*Tibicen japonicus*は現在無効な属名。

【ヒメハルゼミ　*Euterpnosia chibensis*】

種名は命名に使われた標本の採集地である千葉県（chiba）に由来。

C752　ヒメハルゼミ（♂）
1977.8.15.
自然保護シリーズ（第4集 昆虫）
C752　50Yen……………100□

キンカメムシ科　Scutelleridae

カメムシ科に似るが、中胸から腹部の背面が1枚の甲（背盾板）に覆われるため、翅が無いように見える。派手な種が多くアカスジキンカメムシは「歩く宝石」と言われる。

【アカスジキンカメムシ　*Poecilocoris lewisi*】

C1085　アカスジキンカメムシ
1986.7.30.　昆虫シリーズ第1集
C1085　60Yen……………100□

バッタ目（直翅目）　Orthoptera

口は咬む型で肉食種は大顎の先がとがる。前胸が大きく翅のあるものでは前翅はかたく後翅は透明で折りたたまれる。コロギス科を除き後ろ脚は長く跳躍が得意。

コオロギ科　Gryllidae

【コオロギの1種　Gryllidae sp.】

コオロギではメスには腹部から伸びる産卵管があるため、オスにもある2本の尾端の角と合わせて尾端から3つ角が出たように見える。翅をすり合わせ鳴くのはオスだけ。

C2120j
縁の下のセロひき
2012.7.3.　季節のおもいでシリーズ第1集
C2120j　80Yen……………120□

┈┈┈ 祇園祭の蟷螂山 ┈┈┈

南北朝期、足利義詮軍に挑み戦死した公卿、四条隆資の奮戦ぶりが故事成語"蟷螂の斧(斉の荘公が、カマキリが車に向かい鎌を振りかざすのを見て、武勇に感心し車を避けさせた)"を思わせたことから、四条家の御所車にカマキリを乗せ巡行したのが始まり。

【カマキリの1種　Mantidae sp.】　C2257d
上杉本洛中洛外図屏風
（中央の蟷螂山）

2016.4.20.　切手趣味週間
C2257d　82Yen
　　　　　　　　　　　　120□

カマキリ目　Mantodea

かつてはバッタ目に入れられていた。不完全変態で成虫は翅をもつ。成虫は夏の終わり頃現れ、秋に交尾し卵鞘を産む。肉食で多くの害虫を食べるが交尾時にオスも食べる。

カマキリ科　Mantidae

前脚は鎌状で、ここから鎌切と呼ぶ説と、鎌をもつ"キリ"ギリスでカマキリの説がある。大型の卵鞘を産み付け卵で越冬する（沖縄を除く）が、飼育下では成虫でも越冬可能。

【オオカマキリと推定　*Tenodera aridifolia*?】
チョウセンカマキリに似るが脚の節のオレンジが薄い。野生ではセミ等大型の餌も捕る。飼育には大量の生餌が必要だが、ずっと同じ餌だと飽きる。ヨーグルトでも飼育可。

535　カマキリ（酒井抱一「四季花鳥図鑑」）
1995.7.4.　平成切手・1994年シリーズ
535　700Yen……………………………2,100□

トンボ目　Odonrata

前翅と後翅の形の似たイトトンボ亜目（均翅類）と、トンボ亜目（不均翅類。ムカシトンボ類を含む）に大別できる。トンボの語源は"飛ぶ穂"で、稲の穂に喩えたもの。

カワトンボ科　Calopterygidae

幼虫は川に住む。成虫も山地の渓流にいるが、平地に出る種もいる。翅と胴体に金属光沢のある種も多い。雄は交尾時に先に交尾した雄の精子を雌の貯精嚢から抜き取る。

【ミヤマカワトンボ　*Calopteryx cornelia*】
オスの胴体は金属緑色でメス褐色。6〜8月に山地の渓流で見られる。メスの産卵中、オスは近くで見守る。日本固有種。

C1103　ミヤマカワトンボ（♂）
1987.3.12.　昆虫シリーズ第5集
C1103　60Yen………………………………100□

オニヤンマ科　Cordulegastridae

大型のヤンマで複眼は1点で接するか左右に少し離れる。幼虫のヤゴは川の砂泥に浅く潜っており、餌を見るための複眼と呼吸のための尾端先端を砂泥の外に出す。

【オニヤンマ　*Anotogaster sieboldii*】
左右の複眼が1点で接するのはオニヤンマのみ。図案は腹が細まっているからオス。また、メスでは腹部末端の産卵管が目立つ。日本列島の特産種（南千島にも分布）。

C1097　オニヤンマ（♂）
1987.1.23.　昆虫シリーズ第4集
C1097　60Yen………………………………100□

トンボ科　Libellulidae

トンボ目で最も繁栄している科。前翅にある三角室が著しくせまい。複眼は左右が1線をもって接している。オスは静止型のなわばりを作りメスの産卵を飛びながら見守る。

【シオカラトンボ　*Orthetrum albistylum*】
未成熟な雌雄は黄褐色。オスは成熟すると腹部に青っぽい白い粉をふくのでシオカラトンボという。メスは成熟すると濃い黄褐色になるので、ムギワラトンボと呼ばれる。

511　シオカラトンボ（9円）（♂）
1994.1.13.　平成切手・1994年シリーズ
511　9Yen…………………………………30□

【ベッコウチョウトンボ　*Rhyothemis variegata imperatrix*】
前翅に白色部があるのはメス。別名オキナワチョウトンボ。チョウトンボ類は飛ぶときにときおり翅をチョウのようにヒラヒラさせるのでこう呼ばれる。

C1093　ベッコウチョウトンボ（♀）
1986.11.21.　昆虫シリーズ第3集
C1093　60Yen………………………………100□

【ミヤマアカネ　*Sympetrum pedemontanum elatum*】
日本にアカトンボは20種いるが、本種は最も美しいアカトンボとされる。深山トンボといっても山奥以外にもいる。翅に茶色の帯があるアカトンボは本種のみ。

C1090　ミヤマアカネ（上：♂、下：♀）
1986.9.26.　昆虫シリーズ第2集
C1090　60Yen………………………………100□

G172e　夕暮れ
2017.8.23.　秋のグリーティング（2017年 82円）
G172e　82Yen………………………………120□

【ハッチョウトンボ　*Nannophya pygmaea*】
世界最小のトンボの1つ。日本では少ない。東アジア、東南アジア、オセアニアまで分布。未成熟オスは橙色に黒斑があるが、成熟につれ全身赤化する。メスは縞をもつ。

C2315g　ハッチョウトンボ（♂）
2017.4.28.　天然記念物シリーズ第2集
C2315g　82Yen………………………………120□

【シマアカネ　*Boninthemis insularis*】

特定外来生物グリーンアノール（*Anolis carolinensis*）のため、父島と母島ではシマアカネが消えた。他の固有のトンボも消えつつある。

1977.9.14.　自然保護シリーズ（第4集 昆虫）
C753　シマアカネ（♂）　C753　50Yen ………………… 100□

【トンボ科の1種　Libellulidae sp.】

(左) C830 ふるさと　(右) C844 赤とんぼ

ムカシトンボ科　Epiophlebiidae

太く前翅と後翅の形が似るイトトンボ亜目の特徴と、尾の付属器は上は2本・下は1本というトンボ亜目の特徴の両方を備えた原始的なトンボ。複眼は左右わずかに離れる。

【ムカシトンボ　*Epiophlebia superstes*】

日本固有種で生きた化石。属名はギリシャ語épios（穏やかな）＋ phleps（脈）＋-ius（〜の性質の）で「穏やかな脈を持つもの」、種名はラテン語で「生き残っている」の意。
C1087　ムカシトンボ（♂）

1986.7.30.　昆虫シリーズ第1集
C1087　60Yen ………………… 100□

1979.11.26.　日本の歌シリーズ第2集
C830　50Yen ……………………… 80□

1980.9.18.　日本の歌シリーズ第7集
C844　50Yen ……………………… 80□

純蝶切手と準蝶切手

〔日本編〕

昆虫切手のなかで日本、外国を問わず、発行数がとびぬけて多いのはチョウ目。また、テーマ収集やトピカル収集でもとりわけ人気の高いテーマである。日本切手の"純蝶"と"準蝶"は、1956年発行の第2次動植物国宝75円オオムラサキ（*Sasakia charonda*）が純蝶一番切手、1916年発行の裕仁立太子礼10銭が準蝶一番切手になっている。裕仁立太子礼10銭の図案下部の額面「拾銭」を挟む2匹の蝶装飾がそれに当たる。

一方、外国切手を見回すと、純蝶かつ純昆虫の一番切手はレバノンのカイコガ（*Bombyx mori*）。準蝶一番切手はハワイの女王の髪飾りになっているカメハメハアカタテハ（*Vanessa tameamea*）。また、写実的な純蝶一番切手としては収集家に人気の英領サラワクのアカエリトリバネアゲハ（*Trogonoptera brookiana*）。準昆虫の世界一番切手ではニューサウスウェールズの切手に描かれたセイヨウミツバチ（*Apis mellifera*？）の巣箱が最初とされている。

【純蝶一番切手】

367　第2次動植物国宝75円（1956年）オオムラサキ

【準蝶一番切手】

C15　裕仁立太子礼10銭（1916年）　蝶の装飾

(左) 421 新動植物国宝12円（1971年）カブトムシ（蝶以外の純昆虫一番切手）
(右) 207 震災切手10銭（1923年）トンボ（蝶以外の準昆虫一番切手）

＊囲み内は原寸の85％

〔外国編〕

【純蝶かつ純昆虫一番切手】

レバノン・1930年カイコガの幼虫と蛹

【準蝶一番切手】

ハワイ・1891年　女王リリウオカラニの蝶の髪飾り

【写実的な純蝶一番切手】

英領サラワク・1950年　アカエリトリバネアゲハ（♂）

【準昆虫一番切手】

ニューサウスウェールズ・1850年　矢印部分がミツバチの巣箱。

※英領サワラク切手の学名は、印面では *Troides* となっている。

第6部

ハマグリ（146ページに掲載）

無脊椎動物

無脊椎動物 Invertebrates

貝類・軟体動物門・腹足綱

様々な目を含む軟体動物門最大の綱で巻貝の類。巻貝は殻の開口部が1つのため、幼生時に消化管が180°折れ曲がり肛門が口の近くに位置する。腹側に筋肉質の足があるので腹足類。殻のない種でも、幼生時は殻があるものが多い。

目不明

科不明

【巻貝の1種　*Gastropoda* sp.】

R867c
太陽の塔
（下段中央とその上）

2015.10.6.　地方自治法施行60周年記念シリーズ　大阪府
R867c　82Yen……………………150□

C2250h
貝がらと赤い帽子の少女（右上）

2016.1.29.　童画のノスタルジーシリーズ第2集
C2250h　82Yen……………………120□

古腹足目　Archaeogastropoda

軟体動物の分類はこの十数年で変わったが、本書では水族館で現物を見る方むけに日本動物園水族館協会の採用する古典的分類に従った。本目は水管溝の無い原始的な貝類。

オキナエビスガイ科　Pleurotomariidae

化石種はシルル紀からある生きた化石。水深100～500mに生息する貝で、円錐形から低円錐形、赤みを帯びた鮮やかな外観、真珠層を持つ内面と、殻口に切り込みを持つ。

【ベニオキナエビス　*Mikadotrochus hirasei*】

殻口にある切り込み（スリット）は原始的な貝の構造で、スリットには総排泄孔が位置し、呼吸にも使われる。だが防衛上不利なため現代の貝の多くはスリットを持たない。

372　ベニオキナエビス
1963.5.15.　第3次動植物国宝切手
372　4Yen……………………30□

ミミガイ科　Haliotidae

アワビ類から成る科。アワビ類も実は巻貝であり、殻を裏から見ると内面にらせんが見える。殻の縁に平行にあいた穴は排泄のための穴で、原始的な貝に見られるもの。

【参考】アワビ類が巻貝であることの例。ジャージー1973年・野生動物保護3次よりセイヨウトコブシ（*Haliotis tuberculatus*）。原寸の50%

【アワビ（マダカアワビ属）の1種　*Nordotis* sp.】

殻の縁に平行にあいた穴は総排泄孔の位置に対応しており、成長に従い古い穴はふさがり新しい穴があくため数は4～5個と一定するので他種の貝と区別できる。

R184
伊勢志摩の海女
（マダカアワビ属）の1種

1996.5.8.　海女と浜木綿
R184　80Yen……………………120□

リュウテンサザエ科　Turbinidae

いわゆるサザエ類から成る科。殻は頑丈で真珠層があり、独楽のような形。殻口は丸く、円形の蓋で閉じられる。草食性の貝で数種は食用になる。

【リンボウガイ　*Guildfordia yoka*】

周囲に8～9本（時にはより多く）のとげを持ち、螺層（渦巻き）の成長に従い自らとげを切り離すため、古い部分に当たる内側の螺旋の縁にとげの切断痕が残っている。

466　リンボウガイ
1988.4.1.　新動植物国宝図案切手・1980年シリーズ
466　60Yen……………………100□

……リンボウガイの棘（とげ）の痕……

466リンボウガイは螺層（渦巻き）の成長に従い自らとげを切り離すため、古い部分に当たる内側の螺旋の縁に棘の切断痕が残っている。この棘の存在により、貝は軟らかい海底でもひっくり返ることなく安定性が増す。

棘の切断痕

231年ぶりの新種記載

サザエの学名は2017年に新種記載された。サザエの学名として1786年に*Turbo cornutus*と命名されていたものは、実は別種のナンカイサザエ（中国に分布）の標本に対して命名したものと判明した。そこでサザエが正式に命名されていなかったことになり、231年振りに命名記載されたもの。なお、C452図案は2列のとげが根元でくっついている等の誤りあり。

【意匠化されたサザエ　*Turbo sazae*】

C452 サザエ
1967.7.25.　魚介シリーズ
C452　15Yen················50□

新紐舌目　Neotaenioglossa

本目の多くは1列に7個の小歯を備えた紐舌（じゅうぜつ）という歯舌（口腔の下底にあり餌を削り取るための条片）を持つ。原始的な一群を除き殻には水管溝が発達する。

ソデボラ科（スイショウガイ科）　Strombidae

装飾に向いた美しい貝。ふたは爪のような形。活発な貝で岩の上を這うほか、砂泥底ではふたを海底に引っかけて歩く。水中で足をてこのように伸ばし飛び跳ねる種も。

【クモガイ　*Lambis lambis*】

G161d　貝2（幼貝）

※G161d印面はクモガイの幼貝と思われる。突起は発育途中のため短い。成貝では突起は7本でメスのほうがオスより突起が長い。

2017.6.2.　夏のグリーティング（2017年 82円）
G161d　82Yen················120□

トウカムリガイ科　Cassidae

カメオの材料になる貝が含まれる目。沖縄以南～東アフリカのインド西太平洋に産するマンボウガイ（*Cypraecassis rufa*）は殻の層の色彩の違いを生かして彫刻されてカメオになる。

【参考】マンボウガイの例。ジブチ1979年・貝3種よりマンボウガイ。原寸の50%

【カズラガイ　*Phalium flammiferum*】

G104b　カズラガイ
2015.6.5.
夏のグリーティング（2015年 82円）
G104b　82Yen················120□

オニコブシガイ科　Turbinellidae

イトグルマは独立したイトグルマ科とされていたが、現在はオニコブシガイ科の亜科とされる。海底のゴカイ類を食べる。科名はギリシャ語のturbo（螺旋・サザエ）から。

【イトグルマ　*Columbarium pagoda pagoda*】

G104a　イトグルマ
2015.6.5.
夏のグリーティング（2015年 82円）
G104a　82Yen················120□

新腹足目　Neogastropoda

腹足綱で最も進化したグループ。神経系が著しく集中化し、殻には水管があり、外翻可能な吻を持つ。全て肉食性か腐食者（スカベンジャー。掃除屋）である。

アクキガイ科　Muricidae

漢字では悪鬼貝。科名はラテン語のmurex（テツホラガイ・赤紫色）を指し、その貝から紫の染料が取れたので、赤紫の色名になった。ホネガイは英語でVenus's comb（ヴィーナスのくし）と呼ばれる。

【ホネガイ　*Murex pecten*】

G161c　貝1
2017.6.2.
夏のグリーティング（2017年 82円）
G161c　82Yen················120□

【アクキガイ属の1種　*Murex sp.*】

C2250h 貝がらと赤い帽子の少女（左から2つ目）

2016.1.29.　童画のノスタルジーシリーズ第2集
C2250h　82Yen················120□

サンゴヤドリガイ科　Coralliphilidae

造礁サンゴ内またはサンゴ礁上に寄生して体液を吸って生きる貝。殻の構造が複雑で玄妙な彫をしているため、蒐貝家に愛好される。かつてはカブラガイ科とされていた。

【アデヤカカセン　*Latiaxis gemmatus*】

G103d　アデヤカカセン
2015.6.5.
夏のグリーティング（2015年 52円）
G103d　52Yen················100□

エゾバイ科　Babyloniidae

本科のバイ属は15種が知られるがいずれもインド洋や太平洋に分布が限られる。食用になるほか美しいので観賞用や、ペットのヤドカリ類の住みか用に売られたりする。

【バイ　*Babylonia japonica*】
普段は海底の泥砂に潜っているが、腐肉があると現れて食べる。この性質を利用し、餌をいれた"ばいかご"を沈め、かごから出られなくなった貝を採る漁法がある。

463　バイ貝
1988.4.1.　新動植物国宝図案切手・1980年シリーズ
463　40Yen……………………………70□

フデガイ科　Mitridae

筆頭型をしているのでフデガイ科。科名はラテン語のmitra（僧帽。キリスト教の司教の尖った帽子）のことでやはり形態に由来。彩色が美しいものを含み愛好される貝群。

【参考】僧帽の例。バチカン市国2005年・教皇ベネディクト16世。原寸の50%

【クチベニアラフデ　*Neocancilla papilio*】
螺肋（斜めの螺旋巻き）と縦肋（螺旋に対しタテに入る筋）が布目状に美しく交わった貝。肉食で潮間帯から沖合にかけての砂底や礫底に住む。足は薄い橙色で白斑がある。

G104c　クチベニアラフデ
2015.6.5.　夏のグリーティング（2015年 82円）
G104c　82Yen…………………………120□

タケノコガイ科　Terebridae

科名はラテン語でtenebrae（暗闇・暗所）。全て肉食の科で、中には特殊化した歯舌で軟体動物や手に取った人間に毒を注入する種がいる。縫合下帯を巡らし、螺旋の巻数が多い。

G103c　タケノコガイ科
2015.6.5.　夏のグリーティング（2015年 52円）
G103c　52Yen…………………………100□

【シュマダラギリ　*Decorihastula nebulosa*】
属名はラテン語でdecorus（華麗な）＋hasta（槍）＋-ula（小さいことを示す縮小辞）、種名はラテン語nebulosa（星雲の）で「霞がかった華麗な小槍型の貝」の意。

G103c（中央）

G103c（右）【キタケノコガイ　*Terebra pertusa*】
属名はラテン語tenebrae（暗闇・暗所）、種名は「貫いた」の意で、暗い黒帯が殻をらせん状に貫いている。タケノコガイ属は口器に毒を持ちゴカイ類に注入し麻痺させる。

G103c（左）
【ヒメコンゴウトクサ　*Decorihastula paucistriata*】
属名はシュマダラギリに同じ。種名はラテン語でpauci-（少数の）＋striata（線条のある）で縦に走る溝を言ったもの。

G128e　ベニタケ（左）とキバタケ（右）
2016.6.10.　夏のグリーティング（2016年 82円）
G128e　82Yen…………………………120□

G128e（左)【ベニタケ　*Subula dimidiata*】
毒で獲物を採る貝で砂底に特徴的な這い痕を残し潜っている。種名はラテン語で「2分された」の意で、各螺層には縫合（線）の下に縫合下帯があるため殻が2層に見える。

キバタケの結節

G128e（右）【キバタケ　*Subula crenulata*】
ベニタケに近縁だがベニタケより殻が硬く色は薄い。種名はラテン語で細かいギザギザ（円鋸歯）の意でリンネが命名した。螺層の中に結節状の突起（矢印）ができることから。

イモガイ科　Conidae

イモガイ類は美しい貝だが、餌を採る際に毒で刺し、刺された人が死ぬこともある。銛状の歯舌をいきなり突き出してくるので生きたイモガイには決して触らないこと。

【参考】イモガイの生体画像。オーストラリア1984年・海洋生物よりタガヤサンミナシガイ *Darioconus textile*。原寸の70%

【テンジクイモ　*Conus ammiralis*】
属名は科名と同じくラテン語のconus（円錐・松かさ）に由来。トウモロコシをconeというのも円錐形だから。餌は他の巻貝など軟体動物で、銛状の歯で毒を注入して食べる。

G103a　テンジクイモ
2015.6.5.　夏のグリーティング（2015年 52円）
G103a　52Yen…………………………100□

異腹足目　Heterogastropoda

中腹足目に含められたこともあるが、歯舌は紐舌型でなく翼舌型である等から独立した目とされた。しかし今や中腹足目や新腹足目という分類自体使われなくなりつつある。

イトカケガイ科　Epitoniidae

糸を掛けたような彫りの美しい貝。世界中の海の潮間帯から深海に生息。刺胞動物を餌としたり、それらに外部寄生する。英語では"staircase shells"や"ladder shells"とも呼ばれる。

【オオイトカケガイ　*Epitonium scalare*】
漢字では大糸掛貝。巻きの向きに垂直に糸を掛けたように見えることから。巻きがゆるいため螺旋間にすきまがあるのが特徴で、492印面でも黒い溝で表現されている。

（左）492
オオイトカケガイ
（62円）
（右）G128f
オオイトカケガイ

1989.3.24.　新動植物国宝図案切手・1989年シリーズ
492　62Yen……………………110□［同図案▶498コイル］
2016.6.10.　夏のグリーティング（2016年 82円）
G128f　82Yen………………………………………120□

異旋目　Heterostropha

この目の貝は幼生時には左巻きに成長してゆくが、幼生殻が後成殻になる時点で、左巻から右巻に反転する異旋現象が起こる。トウガタガイ科、ミズシタダミ科などを含む。

クルマガイ科　Architectonicidae

熱帯から亜熱帯の様々な深度に生息する。クルマガイの仲間は、幼貝時には左方向に巻き下がるが、成長が進むと逆旋するため、殻口を下にすると殻頂は殻底を向く。

【クロスジグルマ　*Architectonica perspectiva*】

G104e
クロスジグルマ

2015.6.5.　夏のグリーティング
（2015年 82円）
G104e　82Yen………………120□

裸殻翼足目（無殻翼足目）　Gymnosomata

からだはゼラチン質で内臓以外は透明。成長すると完全に貝殻を失う。翼と呼ばれる足を波打って速く泳ぐ。翼足類には殻のある有殻翼足類と、殻を持たない本目がある。

ハダカカメガイ科　Clionidae

流氷の天使クリオネ5種からなる科。天使の名とはうらはらに、全種が他の貝を食べる肉食の貝。クリオネの名はギリシャ神話の女神ムーサイの1柱クレイオーに由来。

【ハダカカメガイ　*Clione elegantissima*】

（左）R180
クリオネ（ハダカカメガイ）
（右）R714d
クリオネ（ハダカカメガイ）

1996.2.6.　流氷の天使クリオネ
R180　80Yen………………………………………120□
2008.7.1.　地方自治法施行60周年記念シリーズ 北海道
R714d　80Yen………………………………………120□

───── クリオネの学名変更 ─────
北海道を含む北太平洋のクリオネは従来*Clione limacina*（limacinaはラテン語で「ナメクジに似た」の意）とされてきたが、北大西洋のクリオネと北太平洋のクリオネは別種と判明した。そのためクリオネ・リマキナは北大西洋の種に使われ、ハダカカメガイの学名は*Clione elegantissima*（クリオネ・エレガンティッシーマ）に変更された。

ドーリス目　Doridacea

ウミウシ類から成る目で裸鰓目ともいう。巻貝の1種のため、一旦消化管が180°に折れ曲がるが、ねじれ戻りが起こって、消化管はまっすぐになり肛門は体の尾方にある。

イロウミウシ科　Chromodorididae

ウミウシ類はからだの外に出た鰓（えら）で呼吸する。アメフラシ類はウミウシ類に似るが鰓が外套膜の内側にある。殻はあっても小さいか、幼生時のみ見られ消失する。

C1182
アオウミウシ（上）、
コモンウミウシ（下）

1987.4.2.
海洋生物学100年
C1182　60Yen…………100□

上：【アオウミウシ　*Hypselodoris festiva*】
本州から九州にかけての岩礁などに分布する、もっとも普通にみられるウミウシ。大きさは3～4cmだが美しい。本種は特定のカイメン等しか食べないので長期飼育は困難。

下：【コモンウミウシ　*Chromodoris aureopurpurea*】
体長2～4cm、北海道から九州の水深15から30mの岩礁に生息。本州中部では春から夏によく見られる。カイメン類を食べる。

無脊椎動物

柄眼目　Stylommatophora

カタツムリと、殻を失ったナメクジ等を含む目で、眼を引っ込められる目。眼は後触角（第二触角）末端にある。エラはなく、外套膜に血管が発達した肺を持ち陸で暮らす。

オカモノアラガイ科　Succineidae

殻は淡水産のモノアラガイ科に似て卵型で薄いが、眼を引っ込められない基眼目のモノアラガイ科と異なり眼を引っ込められる。殻表は平滑で臍孔はなく淡褐色。蓋はない。

【オガサワラオカモノアラガイ　Boninosuccinea ogasawarae】
小笠原はカタツムリの宝庫で生息する陸産貝類の94%が固有種。本種は山上の雲霧帯にしかいない微小なカタツムリ。殻は矮小化しており、軟体が完全に隠れることはない。

C2118d　オガサワラオカモノアラガイ
2012.6.20.
第3次世界遺産シリーズ第5集（小笠原諸島）
C2118d　80Yen ………… 120□

オナジマイマイ科　Bradybaenidae

日常的に見られるカタツムリの多くを含む科。成貝では殻口は肥厚して外に反りかえる。蓋はないが、乾燥時には粘液を固めた紙のような膜（エピフラム）を張り引きこもる。

【ヒダリマキマイマイと推定　Euhadra quaesita？】
印面からは明らかに左巻きのカタツムリとわかる。左巻き陸貝のうち、イラストの色合いと帯模様の入り方から、ヒダリマキマイマイと推定した。

C2227e　かたつむり
2015.9.18.
童画のノスタルジーシリーズ第1集
C2227e　82Yen ………… 120□

【ヒロベソカタマイマイ　Mandarina luhuana】
絶滅種。貝殻が半化石化したものが、南島の砂浜地下から露出したもの。著しく硬い殻をもつのでカタマイマイ。殻は白いが、本来の色ではなく紫外線で脱色されたもの。

C2118f　ヒロベソカタマイマイの半化石
2012.6.20.
第3次世界遺産シリーズ第5集（小笠原諸島）
C2118f　80Yen ………… 120□

貝類・軟体動物門・頭足綱

本書ではタコ・イカも貝類に配置した。タコ・イカは殻を失った貝であり、イカでは甲（小鳥のカルシウム源としてお馴染みのカトルボーン）として遺残している。殻があったときの姿はオウムガイ類や直角石類から想像できる。

【参考】マレーシア2006年・半水生動物よりオウムガイ（Nautilus pompilus）。原寸の50%

科不明

【アンモナイト亜綱の1種　Ammonoidea sp.】

C1391　アンモナイトと地図と地層図
1992.8.24.
第29回万国地質学会議記念
C1391　62Yen ………… 100□

R867c　太陽の塔（アナトティタンの下）

2015.10.6.　地方自治法施行60周年記念シリーズ　大阪府
R867c　82Yen ………… 150□

─ アンモナイトの初期室 ─

アンモナイトの語源はエジプトのアメン神のギリシャ名Ammon（羊の巻角を持つ神）から。オウムガイ類との違いの一つは巻きの中心に初期室があること。トイレットペーパーの芯ありと芯なしロールの関係と同じ。

【参考】初期室がないオウムガイ（右）の例。パラオ1988年・オウムガイ。原寸の50%

【参考】アンモナイトの初期室（矢印部分）ギニアビサウ2013年・鉱物よりアンモナイトの化石。原寸の50%。右は初期室部分の拡大

目未定（旧直角石目）

オルドビス紀に栄えた円錐状の頭足類でいわゆる直角貝。以前は直角石目とされていた。殻は仕切られて気室になっており、ここに液体を出し入れして浮力を調整した。

オルトケラス科　Orthoceratidae

科名はギリシャ語ortho（まっすぐ）＋keras（角）に由来。古代のオウムガイ類でまっすぐな殻をオルソコニックという。以前は多くの種を含んでいたが近年は1種に整理。

無脊椎動物

144

【オルトケラス・ペルキドゥム　Orthoceras pellucidum】
種名はラテン語で"透明な"の意。近年はオルトケラス科から外されている。

R867c
太陽の塔（万博での名称はオルトセラス・ペルキドゥム）（下段右端）

2015.10.6.　地方自治法施行60周年記念シリーズ　大阪府
R867c　82Yen……………………………………………150□

オンコケラス目　Oncocerida
目名はラテン語のonco（膨れた・腫瘍）＋ギリシャ語のkeras（角）の意。古代のオウムガイ類のうちわずかに曲がった殻をキルトコニックという。キルトケラス類が代表的。

キルトケラス科　Cyrtoceratidae
科名はギリシャ語のcyrto（湾曲した）＋keras（角）の意。R867cにキルトケラス属の1種が描かれており、太陽の塔展示解説書にはキルトセラスデクリオとある。

【キルトケラス　Cyrtoceras sp.】

R867c
太陽の塔（万博での名称はキルトセラス・デクリオ）（下段右より2～4体目）

2015.10.6.　地方自治法施行60周年記念シリーズ　大阪府
R867c　82Yen……………………………………………150□

ツツイカ目　Teuthoida
外套膜が筒状で長い。貝殻の痕跡が体内にあり、柔らかいフイルム状で細長い原殻質層のイカの骨となっている。閉眼亜目（Myopsida）と開眼亜目（Oegopsida）に分かれる。

ホタルイカモドキ科　Enoploteuthidae
ホタルイカモドキ属が科のタイプ（典型）属に定められているため、ホタルイカ（ホタルイカ属）がホタルイカモドキ科に属するという、どこかせつない分類になっている。

【ホタルイカ　Watasenia scintillans】
属名は命名者の動物学者渡瀬庄三郎にちなむ。種名はラテン語で「火花の出る・輝く」の意。威嚇のための腕発光と、月明かりでできる影を消して身を隠すための皮膚発光（下面が光る）を行う。眼にも光る機能があるがその役割は不明。

405　ホタルイカ
1966.7.1.　新動植物国宝図案切手・1966年シリーズ
405　35Yen……………………………………………250□

R287　ほたるいか

1999.4.26.　ほたるいか
R287　80Yen……………………………………………120□

スルメイカ科（アカイカ科）
本科のイカは眼が薄い皮膜で覆われ、閉眼類と呼ばれる。するめの原料のほとんどはスルメイカ（Todarodes pacificus）なので、C2296i印面もスルメイカの可能性が高いんじゃなイカ。

【スルメイカ　Todarodes pacificus】

C451　スルメイカ
1967.6.30.
魚介シリーズ
C451　15Yen……………………………………………50□

科不明

【ツツイカ目の1種　Teuthida sp.】

C2296j
旅の絵本Ⅶ・場面2（右上の干物）

2016.11.25.
童画のノスタルジーシリーズ第4集
C2296j　82Yen…………………………………………120□

貝類・軟体動物門・二枚貝（斧足）綱
二枚貝綱はBivalviaといい、ラテン語でbi（2枚の）＋valva（扉）に由来。2枚の貝殻は蝶番をなす背側の靱帯で接合し、2つの大きな閉殻筋（貝柱）で閉じられる。

ウグイスガイ目　Pterioida
オルドビス紀には出現した古くからある目。足にある足糸腺から分泌する液状タンパク質は海水に触れると固化して丈夫な足糸に変化する。この足糸で岩や物体に付着する。

ウグイスガイ科　Pteriidae
貝殻は交差した層板になっており、プリズムに似た真珠層を作る。異物を認識するとそれも真珠層でくるむので、真珠の養殖に用いられる貝を含む。食用に養殖される種も。

【クロチョウガイ　Pinctada margaritifera】
種名はラテン語でmargarita（真珠）＋fero（もたらす）で「真珠を生じる」の意。潜在的にはどの貝も真珠をつくり得るが、本種の産みだす真珠は最も高品質。クロチョウガイのもつ黒褐色の色素が混じれば黒真珠になる。

R108　黒真珠と川平湾

1991.8.1.　黒真珠と川平湾
R108　41Yen……………………………………………70□

無脊椎動物

145

イタボガキ目　Ostreoida

別名カキ目。食用。足や足糸はなく、外套膜から1種のセメントを分泌して、左殻を岩に付着させる。そのため左殻は深い椀上で、右殻は皿状。閉殻筋（貝柱）は1つで大きい。

イタヤガイ科　Pectinidae

本科の一番の特徴は触手の間に多数の眼点を持つことである。眼点は近くの運動や光の強さを知るだけで、ものが見えるわけではない。美しいため、貝類収集家に人気の科。

【ツキヒガイ（右殻）？　*Amusium japonicum*？】

C2250h　貝がらと赤い帽子の少女
（左下矢印部分、色の淡い大きな貝）

2016.1.29.　童画のノスタルジーシリーズ第2集
C2250h　82Yen ………………… 120□

【ヒオウギガイ　*Mimachlamys nobilis*】

漢字では緋扇貝。二枚貝を開くと右殻と左殻に分かれる。図案では手前に左殻、奥に右殻が描かれている。放射状のすじ（放射肋）を23〜24もつ。

491　ヒオウギガイ（41円）

1989.3.24.　新動植物国宝図案切手・1989年シリーズ
491　41Yen ……………… 70□［同図案▶497コイル］

【ヒオウギガイ？　*Mimachlamys nobilis*？】

C2250h　貝がらと赤い帽子の少女（左下）

2016.1.29.　童画のノスタルジーシリーズ第2集
C2250h　82Yen ………………… 120□

ウミギクガイ科　Spondylidae

殻は質重厚で他物に着生するので殻形は変形していることが多い。主に右殻で着生して膨らむ。殻表に多くの放射肋がある。美味だが採取しにくいので余り食用にならない。

【チイロメンガイ　*Spondylus sanguineus*】

G104d　チイロメンガイ

2015.6.5.　夏のグリーティング
（2015年 82円）
G104d　82Yen ………………… 120□

マルスダレガイ目　Veneroidea

主に等殻の二枚貝で真の異なった種類の歯の歯列、殻嘴後部の靭帯、同サイズの閉殻筋（貝柱）を持つ。最初にオルドビス紀中期に出現した。有名なシャコガイ科を含む。

ニッコウガイ科　Tellinidae

一般に殻の膨らみは弱く、皿貝類とも言われる。肉はあまり食べられていないが、殻はコレクターに人気のほか、貝細工に用いられる。

【ネコジタザラ　*Scutarcopagia lingaefelis*】

G103e　ネコジタザラ

2015.6.5.　夏のグリーティング
（2015年 52円）
G103e　52Yen ………………… 100□

【ベニガイ？　*Pharaonella sieboidii*？】
（中央下から2つ目）

【モモノハナ？　*Moerellla jedoensis*？】
（下）

C2250h　貝がらと赤い帽子の少女

2016.1.29.　童画のノスタルジーシリーズ第2集
C2250h　82Yen ………………… 120□

マルスダレガイ科　Verenidae

多くは卵型から三角形で美しい模様が入ることが多い。食用種が多い。伝統色シリーズ第2集C2400dには意匠化されたアサリ（*Ruditapes philippinarum*）が描かれている。

【ハマグリ　*Meretrix lusoria*】

扇形の中心から弧にむかう二本の黒帯が特徴で、C1154印面では一番下の個体でよくわかる。語源は「浜栗」。同一個体でないと殻がぴったり合わないため貝合わせに使われる。

C1154　蛤

1989.5.12.　奥の細道シリーズ第10集
C1154　62Yen ……… 100□［同図案▶C1175小型シート］

C1532　貝合わせ

1995.10.6.　国際文通週間（1995年）
C1532　90Yen ………………… 180□

2013.5.23.　自然との共生シリーズ第3集
C2138e　80Yen ………………… 120□

C2138e　ハマグリ

甲殻類・節足動物門・軟甲綱

甲殻類はフジツボ類やミジンコ類ほかを含む多様な群。軟甲綱は甲殻類のうちカニ類、シャコ類、ダンゴムシ類など高度に分化したグループで、体節数が共通しており、原則頭部は触角前節含めて6節、胸部8節、腹部6節からなる。

十脚目 Decapoda

目名はdeca（10本）＋pous（脚）で運動用の歩脚を5対もつ。カニ類では第1歩脚が鋏になり巨大な種も多い。エビ類は第1〜3歩脚までが鋏になるが種によって異なる。

イセエビ科　Palinuridae

食用。やや円筒形の頭胸部、よく発達した扁平な腹部からなる。頭部に大きな棘状の触角があり、ほとんどの種では第一歩脚は大きくならない。熱帯が主たる生息地。

【イセエビ　*Panulirus japonicus*】

C2260gは第5歩脚の先が他の脚と同形のためオスである。メスでは卵の掃除をするため他の歩脚とは先端の形が異なる。第2歩脚がオスにしては短いのがやや気がかり。

（左）C441　イセエビ
　　（右）C2260g　伊勢えび（♂）

1966.1.31.　魚介シリーズ
C441　10Yen ················· 50□

2016.4.26.　伊勢志摩サミット
C2260g　82Yen ················· 120□

クモガニ科　Majidae

科名はタイプ（代表）属であるケアシガニ属（Maja）に由来するから、本来はケアシガニ科とすべき。近年はそのように書くようになってきた。美味な種が多い。

【ズワイガニ　*Chionoecetes opilio*】

R777eは、はさみ脚にタグがついている。同じズワイガニの雄でも産地（ブランド）ごとにタグの色は異なる。黄色は福井産（越前ガニ）を表す。ふるさと切手らしい一枚。

R367　　　　R488　浦富海岸と　　R777e
越前ガニ（♂）　松葉がに（♂）　　越前がに（♂）

1999.11.4.　魚介シリーズ
R367　80Yen ················· 120□

2001.6.1.　ふるさと鳥取
R488　50Yen ················· 80□

2010.8.9.　地方自治法施行60周年記念シリーズ　福井県
R777e　80Yen ················· 120□

ガザミ科（ワタリガニ科）

第5脚がパドル状に平たく変形した"遊泳脚"となり、素早く泳ぐことができる。ウミサソリ類の多くに見られる第6付属肢（150ﾍﾟｰｼﾞ参照）との類似は収斂進化の結果。

【参考】遊泳脚の例。ベトナム1965年・甲殻類よりタイワンガザミ（*Portunus pelagicus*）（印面のNeptunusは古い学名）。

【ノコギリガザミ　*Scylla serrata*】

印面では全身が写っていないが、額域（眼の間）に4つの歯（突起）がある。前甲の眼から側面にかけて三角形の歯が並ぶことから本種とわかる。切手説明のチリクラブは料理名。

C2297g　チリクラブ
2016.11.29.
日・シンガポール外交関係樹立50周年
C2297g　82Yen ················· 120□

科不明

【カニの1種　*Brachyura* sp.】

G195g　カニとパラソル
2018.6.1.　夏のグリーティング（2018年 82円）
G195g　82Yen ················· 120□

その他・原生動物門・太陽虫綱

無脊椎動物のうち、貝類・甲殻類以外を最後にまとめ、その中で分類順に配置した。原生動物は動物界とは異なる生物の界に所属するが、本書に掲載した。太陽虫綱は以前アメーバ類と共に肉質虫綱に分類されていたプランクトン。

目不明

科不明

【タイヨウチュウ類　*Heliozoea* sp.】

太陽の塔の太陽虫類は、突起が真っすぐなものや折れ曲がるもの、表面が平滑なものや凸凹なものなど多様で、1つの目に絞ることはできない。太陽虫類は肉食のプランクトンで捕食のため伸ばした軸足が太陽光のように見える。

R867c
太陽の塔

2015.10.6.　地方自治法施行60周年記念シリーズ　大阪府
R867c　82Yen ················· 150□

無脊椎動物

その他・刺胞動物門・鉢虫綱

刺胞動物門はヒドラ類、イソギンチャク類、サンゴ類等を含む動物群で神経や筋肉、感覚器を持つが血管系や複雑な消化管はない。刺細胞という毒針を備えた細胞もある。鉢虫綱はクラゲのうちポリプ世代の形態が鉢や杯型のもの。

旗口水母目（ミズクラゲ目） Semaeostomeae

腕（口腕）がひらひらと旗のようになっているので旗口クラゲ。傘周りには辺縁触手があり、等間隔に縁弁があり、その縁弁と縁弁の間に感覚器がある。

ミズクラゲ科　Ulmaridae

鉢虫綱の大多数では生活環の途中にエフィラ幼生期がある。岩などに固着しているポリプはやがてストロビラ（横分体）になり、横分裂してエフィラ幼生を何匹も生み出す。

【ミズクラゲ　*Aurelia aurita*】

C2365ではミズクラゲの様々な生活環の世代を見ることができる。メデューサ期では4本の腕（口腕）を持ち、傘の縁に等間隔に8個の感覚器がある。丸い模様が胃と生殖巣。

C2365b クラゲ
（上と下：エフィラ期、中段：メデューサ期）

C2365c クラゲ

C2365d クラゲ
（左：エフィラ期、右上と下：メデューサ期）＊写真では不鮮明だが、上と右下にもエフィラ期がエンボス印刷されている。

C2365f クラゲ
＊写真では不鮮明だが、中段左上にエフィラ期がエンボス印刷されている。

C2365g クラゲ
（上下：エフィラ期、中段：メデューサ期）

C2365h クラゲ

C2365j クラゲ
（上と下：メデューサ期、下：エフィラ期）

2018.7.4.
海のいきものシリーズ第2集
C2365b, c, d, f, g, h, j
各82Yen···—□

根口水母目（ビゼンクラゲ目） Rhizostomeae

傘の周りに触手がない。口腕が根元で融合して口腕周囲に小さな穴が口として開いているので、根口クラゲという。ビゼンクラゲ（*Rhopilema esculenta*）など食用にされる種を含む。

カトスチルス科（ナキツラクラゲ科） Catostylidae

ブルーゼリーフィッシュはクラゲブームの火付け役となった種だが、1種ではなく本科の複数の種が含まれるらしい。　ブーム初期にタコクラゲ（*Mastigias papua*）と混同されたが別種。

【ナキツラクラゲ属の一種（ブルーゼリーフィッシュ）　*Catostylus sp.*】

C2365a クラゲ
（ブルーゼリーフィッシュ）

C2365e クラゲ
（ブルーゼリーフィッシュ）

C2365f クラゲ
（ブルーゼリーフィッシュ）（左下）

2018.7.4. 海のいきものシリーズ第2集
C2365a, e, f　各82Yen·······························—□

その他・刺胞動物門・ヒドロ虫綱

クラゲの一部とヒドラから成る綱。ヒドラは淡水に住み細切れにしても再生する動物。ヒドロ虫綱のクラゲでは、ポリプの口端が伸びてヒドロ花をつくる。その根近くから子クラゲが出芽し、やがて遊離する。

軟水母目（有鞘目） Leptomedusae

下村脩博士のノーベル化学賞の材料になったオワンクラゲ（*Aequorea coerulescens*）が属する目。この目のポリプは群体をつくり、その1体の生殖ポリプは莢（さや）を持ち、そこから軟クラゲが出芽する。

ヒメコップガヤ科（含マツバクラゲ科・コノハクラゲ科・エントツガヤ科）Campanulinidae

別名ウミサカズキガヤ科。クラゲ（メデューサ世代）を出す種もあれば、出さずにポリプ期のみの種もある。日本動物園水族館協会ではマツバクラゲ科を本科に含めている。

【ギヤマンクラゲ　*Tima formosa*】

マツバクラゲ科とする分類が多い。ガラスのように透き通っている。飼育しやすいクラゲだが、32本前後ある触手は長く、数多く飼育すると絡まってしまうことも多い。

C2365i クラゲ

2018.7.4.
海のいきものシリーズ第2集
C2365i　82Yen····································—□

その他・刺胞動物門・花虫綱

サンゴ類とイソギンチャク類。これらは刺胞動物門の中でも、生活環を通じてメデューサ型（クラゲ）をとらず、ポリプ期だけで過ごす。なお、イソギンチャクは単体のポリプ、サンゴは群体になったポリプとの見方もできる。

ウミトサカ目（海鶏頭目）　Alcyonacea

ウミトサカ目には骨軸をもつサンゴと、骨格のないサンゴがある。N27とN28に描かれる宝石サンゴの材料には、8本の触手を備えたサンゴ科やイソバナ科等の種が使われる。

科不明

【骨軸亜目の1種　Scleraxonia sp.】
宝船に用いられる宝石サンゴ類には、イソバナ科のイソバナ(Melithaea flabellifera)やサンゴ科のアカサンゴ(Paracorallium japonicum)等が使われる。印面からの同定はできない。

N27　宝船
1971.12.10.
昭和47年（1972）用年賀切手
N27　7Yen ································· 30□
［同図案▶N28、N28A］

【ヤギの1種　Alcyonacea sp.】

C645　竜宮（下）
1975.1.28.　昔ばなしシリーズ（第6集　浦島太郎）
C645　20Yen ································· 40□

R697b　ハタタテダイ
（左右の矢印部分）
C1182
アオウミウシ、コモンウミウシ
1987.4.2.　海洋生物学100年
C1182　60Yen ······························· 100□

※C1182はウミウシの傍に小さなヤギの1種が描かれている。奥は枝がうちわ状に1つの平面内に正しく広がっている。手前は紫のポリプをもつヤギと思われるが同定不能。

2007.6.1.　沖縄の海
R697b　80Yen ······························· 120□

※R697bには枝分かれしたヤギの1種が2群体描かれている。左下の赤い群体には白点があるが、これはサンゴがポリプを出している部分である。同定不能。

石サンゴ目　Scleractinia

イシサンゴ類は群体をつくり海底に固着するサンゴで、外皮性の石灰質骨格をもち、環礁などのサンゴ礁を作る。日照や水温などの条件を満たした浅瀬に生息する。

ミドリイシ科　Acroporidae

野生下では1m以上のテーブルサンゴとなることも多いが、水槽で飼育する技術が確立され、個人でも自宅で小さな群体を飼育して楽しむ人が増えてきた。

P142　海中の風景
1974.3.15.　西表国立公園
P142　20Yen ································· 40□

【ミドリイシの1種　Acropora sp.】切手図案全体
【アカジマミドリイシ？　Acropora akajimensis？】
右図赤枠内

イソギンチャク目　Actiniaria

イソギンチャク類は本質的にクラゲ類・サンゴ類のポリプと同じ体制の動物で、イソギンチャク目では群体をつくることはない。

ハタゴイソギンチャク科　Stichodactylidae

クマノミはイソギンチャクに隠れ大型魚から身を守る一方、サンゴを食べる魚を追い払う。クマノミの種類により共生するイソギンチャクはある程度種類が決まっている。

【センジュイソギンチャクと推定　Radianthus ritteri？】

C2086j
カクレクマノミ
2010.10.18.
生物多様性条約第10回締約国会議記念
C2086j　80Yen ······························ 120□

その他・節足動物門・節口綱

別名カブトガニ綱。カブトガニには複雑な口器はなく、口はただの穴。肢の根元(腿)で餌を口へ押し込むので、目名はギリシャ語meros(太もも)＋stoma(口)の意。

剣尾目　Xiphosura

現生のカブトガニ4種だけの目だが、化石種は100種以上あり古生代には栄えていた。以前はウミサソリ類と近縁とされていたがウミサソリはクモ綱に近縁とわかり外れた。

カブトガニ科　Limulidae

アメリカカブトガニ(*Limulus polyphemus*)は医療上重要で、その血液は細菌が産生するエンドトキシンを鋭敏に検出する試薬の原料になる。捕獲して全血の3割程を採り、少し離れた海に放流する。

【カブトガニ　*Tachypleus tridentatus*】

C717
カブトガニ(手前:♀、奥:♂)

C2126e　カブトガニ(♂)

1977.2.18.　自然保護シリーズ第3集
C717　50Yen‥‥‥‥‥‥‥‥‥‥‥‥‥‥‥‥100□

2012.8.23.　自然との共生シリーズ第2集
C2126e　80Yen‥‥‥‥‥‥‥‥‥‥‥‥‥‥‥120□

※C2126eでは左の縁棘が1本折れて5本しかない。C717の縁棘と比較されたい。

C2126e　　　C717
←6本目が折れて無くなっている。

3本(♀)　　6本(♂)

カブトガニの接合

後体部の縁棘が6対あるのがオスで、3対あるのがメス。オスが後ろからメスの甲を鋏でつかみ(接合)何年も離れないので夫婦仲の縁起物とされる。メスの方が大きい。

【参考】マレーシア2019年・名物料理より、マルオカブトガニ*。矢印部分がカブトガニの接合。原寸の50%

* *Carcinoscorpius rotundicauda*

その他・節足動物門・クモ形綱

クモ類、サソリ類、ダニ類等を含む綱。体節は融合して前体部(頭部＋胸部)と後体部(腹部)からなり、成体は8本の脚を持つ。触角、翅や複眼はない。生殖口が肛門から離れ腹部の前部にある点では甲殻類やムカデ類にも似る。

サソリ目　Scorpiones

世界に約650種が現生し、中には猛毒の種もある。石炭紀から体型の変わらない生きた化石の一つ。日本に自然分布するのはヤエヤマサソリ(*Liocheles australasiae*)ほか1種のみ。

目不明

科不明

【サソリの1種　*Scorpiones* sp.】

R867c
太陽の塔
(右の鋏のあるもの)

2015.10.6.　地方自治法施行60周年記念シリーズ　大阪府
R867c　82Yen‥‥‥‥‥‥‥‥‥‥‥‥‥‥‥150□

※R867cの古代のサソリはウミサソリ類に多く見られるパドル状の第6付属肢を持たないので、水中生活に適応したエラサソリ亜目か陸生種のサソリ亜目のいずれかである。

【参考】ウミサソリ類の遊泳脚(矢印部分)。カナダ1990年・化石よりウミサソリ(ユーリプテルス・レミペス*Eurypterus remipes*)。

その他・棘皮動物門・海星綱

棘皮動物は体が五放射相称になっており、5本足のヒトデの腕を吊り上げてボール状にすればウニ類の体(骨格)に、それを前後に引き延ばせばナマコ類の体になる。海星綱はヒトデの綱で、各腕には消化、循環、生殖などの器官が一揃いずつ備わっている。

【参考】五放射相称をしたウニ類の骨格。ベトナム1985年・棘皮動物よりウニ(アカオニガゼ *Astropyga radiata*)。

目不明

科不明

【ヒトデの1種　*Asteroidea* sp.】

C1618　われは海の子(左下)

1998.7.6.
わたしの愛唱歌シリーズ第6集
C1618　80Yen‥‥‥‥‥‥‥‥‥‥‥150□

動物編　50音順さくいん

* 当さくいんは、本カタログに採録した日本切手に関して、動物の種名・亜種名・品種名を、50音順に整理したものです。

［あ行］

アオウミウシ……………	143
アオウミガメ……………	106
アオスジアゲハ属の1種	132
アオダイショウ…………	108
アカウミガメ……………	106
アカガシラカラスバト……	84
アカギツネ………………	26
褐毛（あかげ）和種………	50
アカゲラ…………………	88
アカジマミドリイシ（推定）…	149
アカショウビン…………	87
アカスジキンカメムシ……	136
アカヒゲ…………………	93
アカヒメジ………………	118
秋田犬……………………	39
アクキガイ属の1種　……	141
アゲハ属の1種　…………	133
アサギマダラ……………	129
アザラシの1種　…………	30
アジアアロワナ…………	120
アジアゾウ…………………	7
アジ科の1種　……………	117
アデヤカセン……………	141
アデリーペンギン………	71
アナウサギ………………	14
アナトティタン…………	110
アパトサウルス…………	111
アビ………………………	70
アビシニアン……………	34
アヒル……………………	103
アフリカゾウ…………………	7
アフリカタテガミ	
ヤマアラシ……………	17
アホウドリ………………	72
アマサギ…………………	75
アマミノクロウサギ………	15
アミメキリン……………	20
アムールトラ……………	25
アメリカバク……………	31

アメリカンカール…………	34
アメリカン・コッカー・	
スパニエル……………	39
アメリカンショートヘア …	34
アユ………………………	123
アライグマ………………	29
アリ………………………	134
アワビの1種　…………	140
アンモナイト亜綱の1種 …	144
イエイヌ（品種が判明・	
推定できる図案）…………	39
イエイヌ（品種が不明・	
雑種の図案）…………	44
イエネコ（品種が判明・	
推定できる図案）………	34
イエネコ（品種が不明・	
雑種の図案）…………	37
イエバト…………………	99
イカル……………………	96
イセエビ…………………	147
イトグルマ………………	141
イトヒキアジ（推定）………	117
イトヨ（太平洋系降海型）…	124
イヌワシ…………………	77
イノシシ…………………	18
イリオモテヤマネコ………	22
イワヒバリ………………	95
インドクジャク…………	98
ウエッデルアザラシ………	29
ウェルシュ・コーギー・	
ペンブローク…………	40
ウォンバット……………	6
ウグイス…………………	91
ウシ（品種が判明・推定できる図案）	
…………………………	49
ウシ（品種が不明の図案）…	50
ウスバキチョウ…………	132
ウスバツバメガ…………	128
ウソ………………………	96
ウナギ……………………	116

ウマ（品種が判明・推定できる図案）	
…………………………	54
ウマ（品種が不明の図案）…	55
ウミウ……………………	76
ウミガメの1種　…………	106
ウミネコ…………………	83
エゾオコジョ……………	28
エゾクロテン……………	28
エゾシカ…………………	19
エゾシマリス……………	16
エゾゼミ…………………	136
エゾナキウサギ…………	13
エゾヒグマ………………	27
エゾフクロウ……………	87
エゾモモンガ……………	16
エゾユキウサギ…………	14
エゾリス…………………	15
エダシャク亜科の1種　…	126
エダフォサウルス…………	109
エトピリカ………………	84
エナガ……………………	91
エリマキトカゲ…………	107
オウギバト………………	85
オウサマペンギン………	70
オオイチモンジ…………	129
オオイトカケガイ………	143
オオウラギンヒョウモン…	129
オオカマキリ（推定）……	137
オオカンガルー…………………	6
オオクワガタ……………	135
オオゴマダラ……………	129
オオジシギ………………	83
オオシロオビアオシャク（推定）	
…………………………	126
オーストンオオアカゲラ…	88
オオセッカ………………	91
オオタカ…………………	77
オオハクチョウ…………	68
オオベニシジミ…………	130
オオマシコ………………	96
オオミズナギドリ………	73
オオムラサキ……………	129
オオルリ…………………	94

さくいん

オオルリシジミ	130	
オオワシ	78	
オガサワラオオコウモリ	31	
オガサワラ 　オカモノアラガイ	144	
オガサワラタマムシ	135	
オカメインコ	100	
オグロヌー	20	
オグロプレーリードッグ	33	
オコジョ	29	
オシキャット	35	
オシドリ	68	
オジロワシ	78	
オナガアゲハ	133	
尾長鶏	102	
オニオオハシ	88	
オニヤンマ	137	
オールド・イングリッシュ・ 　シープドッグ	40	
オルトケラス・ 　ベルキドゥム	145	

[か行]

カイウサギ	32
カイコ(蛹)	128
カイツブリ	73
カエルの1種	108
カクレクマノミ	119
カケス	89
カササギ	89
カジキ(意匠化)	119
カズラガイ	141
カツオ	119
カツオドリ	76
甲冑魚(かっちゅうぎょ)	114
桂矮鶏 　(かつらちゃぼ/推定)	134
カナリア	101
カニの1種	147
カバ	18
カピバラ	17
カブトガニ	150
カブトムシ	135
カマイルカ	22

カマキリの1種	136
カメレオンの1種	107
カモ科の1種	67
カモメの1種	84
ガラガラヘビの1種	108
カラシラサギ	75
カラスアゲハ	132
ガラパゴスゾウガメ	107
カラフトアオアシシギ	83
カラフト犬(樺太犬)	40
カリフォルニアアシカ	29
カルガモ	70
カワセミ	87
カワラヒワ	96
ガン(マガン属の1種)	67
寒立馬(かんだちめ)	54
カンムリワシ	77
キイロウスバアゲハ	132
キジバト	85
キタキツネ	26
キタケノコガイ	142
キタリス	15
キツネフエフキ	118
キバタケ	142
キバタン	100
キバネツノトンボ	136
キビタキ	94
ギフチョウ	132
キベリゴマフエダシャク	126
キャバリア・キング・ 　チャールズ・スパニエル	40
ギヤマンクラゲ	148
キリシマミドリシジミ	130
キリン	20
キルトケラス	145
キンカチョウ	101
キンギョ	121
キングサーモン	123
キンクマハムスター	33
キンケイ	98
クジャクチョウの1亜種	129
クジラの1種	22
クチベニアラフデ	142

クマゲラ	88
クマネズミ	17
クモガイ	141
クモマツマキチョウ	130
グラントシマウマ	31
クリオネ	143
クリプトクリドゥス	110
クロアゲハ	132
クロコノマチョウ	130
クロサイ	31
クロサギ(推定)	75
クロスジグルマ	143
黒矮鶏(くろちゃぼ/推定)	103
クロチョウガイ	145
ケナガマンモス	7
ゲンジボタル	134
ケープペンギン	72
コアオハナムグリ	135
コアラ	6
コイ	121
コイカル	96
コウテイペンギン	71
コウライウグイス	89
コオロギの1種	136
ゴールデンハムスター	33
ゴールデン・レトリーバー	40
コガネシマアジ	117
コガラ	90
コキンチョウ	101
コサギ	75
コサギ属の1種	76
コザクラインコ	100
ゴジュウカラ	92
コチドリ	82
骨軸亜目の1種	149
コノハズク	86
コノハチョウ	129
コハクチョウ	68
コバンザメ	117
コブハクチョウ	99
コベニシタヒトリ	126
コマドリ	93
ゴマフアザラシ	30

コモンウミウシ…………… 143	ジャノメチョウ	タイワンオナガ………… 89
コリデール…………… 52	亜科の1種 ………… 130	ダチョウ………………… 102
コルリ………………… 93	シャム………………… 35	ダックスフンド………… 41
小和金(推定)………… 121	軍鶏(しゃも)………… 103	タヌキ………………… 25
コンドル……………… 77	シャリュトリュー……… 35	タマシギ……………… 82
コンヒタキ…………… 94	ジャンガリアンハムスター 33	ダルマインコ………… 100
[さ行]	ジュウシマツ………… 101	ダルメシアン………… 42
サクラダイ…………… 117	シュバシコウ………… 73	淡水魚の1種………… 124
桜文鳥………………… 101	シュマダラギリ……… 142	タンチョウ…………… 79
サケ…………………… 116	ショウジョウ	チーター……………… 22
サザエ(意匠化)……… 141	コウカンチョウ……… 97	チイロメンガイ……… 146
サソリの1種 ……… 150	ジョウビタキ………… 94	チャウ・チャウ……… 42
ザトウクジラ………… 21	シラガホオジロ……… 96	チュウサギ…………… 75
サバンナシマウマ…… 31	シラコバト…………… 85	チョウチョウウオ属
サフォーク…………… 52	シロオリックス……… 21	の1種 …………… 118
サラブレッド………… 54	シロガシラ…………… 90	チョウの1種 ……… 133
サンコウチョウ……… 89	シロチドリ…………… 82	チワワ………………… 42
サンジャク…………… 89	シロチョウ科の1種 … 131	チンチラ……………… 34
サンマ………………… 116	シロナガスクジラ…… 21	チンパンジー………… 12
シー・ズー…………… 41	シロヒトリ…………… 126	ツキヒガイ(推定)…… 146
ジェンツーペンギン… 71	シロブンチョウ……… 101	ツグミ………………… 92
シオカラトンボ 137	シンガプーラ………… 35	ツシマヤマネコ……… 22
シカ属の1種 ……… 19	ジンベエザメ………… 115	ツツイカ目の1種 … 145
シジュウカラ………… 90	シンリンオオカミ…… 25	ツトガ科の一種……… 126
シジュウカラガン…… 68	スイギュウ…………… 50	ツバメ………………… 91
シセンレッサーパンダ 29	ズグロカモメ………… 83	ツバメ科の1種 …… 91
柴犬…………………… 41	スコティッシュフォールド… 35	ツマアカ
シベリアン・ハスキー 41	スズメ………………… 95	シロチョウ属の1種 … 131
シマアカネ…………… 138	スズメ目の1種……… 97	ツマグロヒョウモン… 128
シマウマの1種 …… 31	スルメイカ…………… 145	ツマベニチョウ……… 131
シマハヤブサ………… 78	ズワイガニ…………… 147	ツル属の1種 ……… 82
シマフグ……………… 120	セイヨウミツバチ…… 133	テン…………………… 28
シマフクロウ………… 86	セキセイインコ……… 100	テンジクイモ………… 142
シマリス……………… 33	センジュイソギンチャク(推定)	テンジクネズミ……… 34
ジャージー…………… 49	………………… 149	テントウムシ………… 134
ジャーマン・シェパード・	セントバーナード…… 41	トイ・プードル……… 42
ドッグ……………… 41	ソマリ………………… 35	トウキョウトガリネズミ … 18
ジャイアントパンダ… 27	ソラスズメダイ……… 119	唐丸(推定)…………… 103
ジャガー……………… 24	**[た行]**	トカゲの1種 ……… 108
シャクガ科の1種 … 128	対州馬(たいしゅうば)…… 55	トキ…………………… 74
シャチ………………… 22	大唐丸(推定)………… 103	トナカイ……………… 49
ジャック・ラッセル・	タイの1種 ………… 118	トノサマガエル……… 109
テリア……………… 41	タイヨウチュウ類…… 147	ドバト………………… 99

153

さくいん

トビ	78
トビウオの1種	117
トモエガモ	70
トラ	24
トラフグ	120
トラフザメ	115
ドレパナスピス	114
トンキニーズ	35
トンボ科の1種	138

[な行]

ナガサキアゲハの1亜種	132
ナガスクジラ科の1種	21
ナキツラクラゲ属の一種	148
名古屋コーチン	103
ナナホシテントウムシ	134
ナベヅル	82
ナマズ属の1種	122
ナミテントウ	134
ナミハリネズミ	17
ナンヨウマンタ	115
ニシキゴイ	122
ニシゴリラ	12
ニセフウライ チョウチョウウオ	118
ニッコウイワナ	123
ニホンアマガエル	108
ニホンイシガメ	107
ニホンオオカミ	25
ニホンカモシカ	20
ニホンカワウソ	28
ニホンキジ	67
ニホンコウノトリ	74
ニホンザル	10
ニホンジカ	18
ニホンノウサギ	13
ニホンミツバチ	133
ニュウナイスズメ	95
ニワトリ	102
ヌマガメ科のカメ	106
ネコジタザラ	146
ネザーランドドワーフ	33
ネズミの1種	17
ネッタイスズメダイ	119

ノウサギの1種	13
ノグチゲラ	88
ノコギリガザミ	147
ノビタキ	94
ノルウェージャン フォレストキャット	35
ノーフォーク・テリア	43

[は行]

バーニーズ・ マウンテン・ドッグ	42
バイ	142
パグ	42
ハクセキレイ	96
ハシビロコウ	76
ハダカカメガイ	143
ハタタテダイ	118
ハチの1種(推定)	133
ハッカチョウ(推定)	101
ハツカネズミ	16
ハッチョウトンボ	137
ハハジマメグロ	91
パピヨン	42
ハマグリ	146
ハリネズミの1種	34
バン	79
ビーグル	43
ヒインコ	85
ヒオウギガイ	146
ヒガラ	90
ヒキガエル属の一種	108
ヒグマ	27
ヒゲコガネ	135
ヒゲペンギン	72
ビション・フリーゼ	43
ヒタキ科の1種	95
ヒダリマキマイマイ(推定)	144
ヒツジ(品種が判明・推定 できる図案)	52
ヒツジ(品種が不明の図案)	53
ヒトコブラクダ	48
ヒトデの1種	150
ヒドリガモ	69
ヒバリ	90

ヒマラヤン	36
ヒメウォンバット	6
ヒメキヌゲネズミ	33
ヒメギフチョウ	132
ヒメコンゴウトクサ	142
ヒメハルゼミ	136
ヒメマス	123
ヒヨドリ	90
ヒラメの1種	120
ビルマホシガメ	107
ヒロベソカタマイマイ	144
ビワマス	123
フェネック	26
フェレット	47
フクイサウルス・ テトリエンシス	111
フクイラプトル・ キタダニエンシス	111
フクロウ	87
フクロモモンガ	32
ブタ	48
フタコブラクダ	48
フタバスズキリュウ	110
プテラノドン	110
フラミンゴ属の1種	73
ブリ	117
ブリティッシュ ショートヘア	36
ブリュッセル・ グリフォン	43
ブルドッグ	43
ブルーゼリーフィッシュ	148
フレンチ・ブルドッグ	43
ブンチョウ	101
ベッコウチョウトンボ	137
ベニイロフラミンゴ	73
ベニオキナエビス	140
ベニガイ(推定)	146
ベニシジミ	130
ベニシタバ	128
ベニスズメ	128
ベニタケ	142
ヘラジカ	18

ペルシャ………… 36	ミツオビ	ヤマドリ………… 66
ベンガル………… 36	アルマジロ属の1種 … 10	ヤマネ………… 16
ベンガルトラ………… 25	ミドリイシの1種 ……… 149	ヤマメ………… 123
ホオアカ………… 97	ミドリシジミ族の1種 … 130	ヤリガタケシジミ……… 130
ホオジロ………… 97	ミナミハンドウイルカ…… 22	ヤンバルクイナ……… 78
ボーダー・コリー……… 43	ミニチュア・シュナウザー … 44	ヤンバルテナガコガネ… 135
ボスリオレピス………… 114	ミニチュア・ピンシャー … 44	ユキヒョウ………… 24
ホタルイカ………… 145	ミノガ科の1種 ……… 128	ユリカモメ………… 83
ホッキョクギツネ……… 25	ミヤコタナゴ………… 122	ヨークシャー・テリア…… 44
ホッキョクグマ………… 28	ミヤマアカネ………… 137	ヨーロッパコウノトリ…… 73
ホトトギス………… 86	ミヤマガラス(推定)…… 89	ヨーロッパコマドリ…… 93
ホネガイ………… 141	ミヤマカワトンボ……… 137	ヨツメアオシャク……… 126
ポメラニアン………… 44	ミヤマクワガタ………… 135	ヨツユビハリネズミ…… 34
ホルスタイン………… 50	ミヤマホオジロ………… 97	ヨナグニ
ボルネオオランウータン … 12	ミヤマモンキチョウ……… 131	マルバネクワガタ……… 135
ホンセイインコ属の1種… 86	ムカシトンボ………… 138	[ら行]
ホントウアカヒゲ……… 93	ムジルリツグミ………… 92	ライオン………… 23
ホンドギツネ………… 26	メインクーン………… 36	ライチョウ………… 66
[ま行]	メジロ………… 92	ラガマフィン………… 36
マイマイカブリ………… 136	メスアカムラサキ属の1種	ラグドール………… 36
マイワシ………… 116	………… 129	ラッコ………… 28
マガモ………… 70	メダカ………… 124	ラッコの1種………… 28
マカロニペンギン……… 72	メネラウスモルフォ……… 130	ラブラドール・レトリーバー… 44
マガン………… 68	メリキップス………… 30	ラマ………… 48
巻貝の1種 ……… 140	モズ………… 88	リーフオニイトマキエイ… 115
マクジャク………… 98	モモノハナ(推定)……… 146	リュウキュウカラスバト… 85
マゴイ(意匠化)……… 122	モモンガ………… 16	リュウキュウヤマガメ… 107
マサイキリン………… 20	モリアオガエル……… 109	リュウキン(琉金)……… 121
マサバ………… 119	モリフクロウ………… 86	リンボウガイ………… 140
マストドンサウルス……… 111	モルディブ	ルチノー………… 100
マスノスケ………… 123	アネモネフィッシュ… 119	ルリカケス………… 89
マゼランペンギン……… 72	モルモット………… 34	ルリスズメダイ……… 119
マダカアワビ属の1種 … 140	モンキチョウ………… 131	ルリタテハ………… 129
マッコウクジラ………… 21	モンシロチョウ………… 131	ルリビタキ………… 93
マナヅル………… 79	[や行]	ルリボシカミキリ……… 134
マミジロキビタキ……… 94	ヤエヤマセマルハコガメ … 106	ロシアンブルー……… 36
マルチーズ………… 44	ヤギ………… 52	ロップイヤード………… 33
マンチカン………… 36	ヤギの1種 ……… 149	ロバ………… 53
マンモスの1種……… 7	ヤクシカ………… 19	[わ行]
ミカドアゲハ………… 132	ヤツガシラ………… 87	ワオキツネザル………… 10
ミケネコ………… 36	ヤマガラ………… 90	ワキン(和金)………… 121
御崎馬(みさきうま)…… 55	ヤマセミ………… 87	ワニの1種………… 108
ミズクラゲ………… 148	ヤマトシジミ(推定)……… 130	ワライカワセミ………… 87

テーマ別 日本切手カタログ さくら日本切手カタログ姉妹編

Vol.1 花切手編

第1弾は四季折々の美しい花図案!

商品番号 **7611**
本体 **1,200円+税** 荷造送料340円
■公益財団法人 日本郵趣協会刊
■2015年9月25日発行　■A5判・並製／152ページ

Vol.2 世界遺産・景観編

人気の世界遺産と日本の自然を網羅!

商品番号 **7612**
本体 **1,570円+税** 荷造送料340円
■公益財団法人 日本郵趣協会刊
■2016年7月25日発行　■A5判・並製／176ページ

Vol.3 芸術・文化編

日本のあらゆる芸術・文化切手を収録!

商品番号 **7613**
本体 **1,700円+税** 荷造送料340円
■公益財団法人 日本郵趣協会刊
■2017年7月25日発行　■A5判・並製／160ページ

Vol.4 鉄道・観光編

旅に誘われ、全国津々浦々の祭り、観光名所めぐりへ!

商品番号 **7614**
本体 **1,700円+税** 荷造送料340円
■公益財団法人 日本郵趣協会刊
■2018年7月25日発行　■A5判・並製／176ページ

今後の刊行予定　Vol.6 スポーツ編（予定）が登場! ご期待ください!!

ご注文は、電話・〒168-8081
FAX・WEB　（当社専用番号）
郵趣サービス社　T係
FAX03-3304-5318
ご注文専用 TEL03-3304-0111
お問い合せ TEL03-3304-0112
日・月・祝 定休

お買い物は、オンライン通販「スタマガネット」へ！　スタマガネット

テーマ別 風景印大百科

オールカラー

Vol.1 鉄道編／Vol.2 城郭編／Vol.3 干支・動物園編

それぞれのテーマにあわせた関連風景印が1冊に！
「原寸」で採録した風景印カタログ！！

干支を描く風景印がここに集結
動物園にちなむ風景印も採録

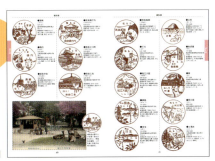

Vol.3 干支・動物園編
商品番号 **8053**　本体 **2,150円**＋税　荷造送料340円
■2018年10月20日発行　■A5判・並製／128ページ

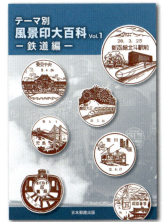

Vol.1 鉄道編
商品番号 **8051**
本体 **1,800円**＋税　荷造送料340円
■2018年4月20日発行
■A5判・並製／120ページ

Vol.2 城郭編
商品番号 **8052**
本体 **2,000円**＋税　荷造送料340円
■2018年7月25日発行
■A5判・並製／128ページ

vol.1は、鉄道に関連する風景印を「新幹線」「SL」「その他の鉄道車両」「ロープウェイ」「駅舎」「鉄橋」「駅前」「その他」の項目別で、現行印、過去印を含め、延べ750点以上を採録。vol.2は、城関連の風景印を「国宝5城」、「重文7城」、「三大名城」、「その他の城」の4項目で、約1,000点を採録。vol.3は、ウシやヒツジ、サル、イヌなどの十二支を描く風景印と、動物園で見られる代表的な哺乳類と鳥類を描く風景印、約1,000点を採録。

■日本郵趣出版刊

ご注文は、電話・FAX・WEBで　〒168-8081（当社専用番号）　郵趣サービス社　T係　FAX03-3304-5318　ご注文専用 TEL03-3304-0111　お問い合せ TEL03-3304-0112　日・月・祝定休

お買い物は、オンライン通販「スタマガネット」へ！　スタマガネット

Phila JPSコミュニティ通貨「フィラ」取扱加盟店。お買い物代金として「フィラ」をご活用ください。

日本郵趣協会のご案内

切手を集めることの楽しさを伝えています

1946年の設立以来70余年、郵便切手文化の普及と発展のために、さまざまな展覧会イベントやオークションの開催、出版物の刊行などを行っている内閣府認定の公益財団法人です。事務局は東京・目白の「切手の博物館」にあります。

世界中の切手情報や楽しい切手の物語を毎月ご紹介！

日本及び世界各国から発行されている最新の切手情報、数々の切手にまつわる物語、切手収集のための郵趣品や関連書籍、各地の切手イベント情報を月刊誌『郵趣』で皆さまへご案内します。

日本郵趣協会で切手を集める楽しさを見つけませんか？

あなたは雑誌派？ WEB派？

雑誌派にオススメ

普通会員

年会費7,000円。入会年のみ入会金1,000円

毎月、月刊誌『郵趣』で日本を始め世界各国の切手の最新情報をお届けします。『郵趣』では切手情報に加えて、楽しい展覧会イベントの情報や、切手を楽しむ数々のサークルのご紹介をしています。

ご入会の方には、会員証とともに「オリジナル一筆箋」（2種セット）と、「もの知り切手用語集」をプレゼントします！

↑もの知り切手用語集、
オリジナル一筆箋（2種セット）

WEB派にオススメ

WEB会員

年会費3,600円。入会年のみ入会金1,000円

WEBで切手の情報を購読する会員システムです。パソコンやスマートフォンで、手軽に最新情報を見ることができます。

❶WEB版「郵趣ウィークリー」（年間50回配信）
毎週、日本の新切手発行情報、小型印、風景印などの情報を最速でお届けします。

❷WEB版「世界新切手ニュース」（年間12回配信）
毎月、世界で発行されている新切手情報を鮮明な切手画像とともに見ることができます。新切手のおもしろ情報、トピックスなどもご紹介しています。

※巻末の紹介もあわせてご覧ください。

普通会員とWEB会員、どっちにしようかなあ？

毎年、2つの大きな展覧会を開催

4月には世界各国の郵便切手が楽しめる〈スタンプショウ〉、11月には日本最大規模の競争展〈全国切手展〉を東京・浅草で開催しています。展覧会イベントには、国内外から多くの切手店が出店します。

魅力あるカタログ・書籍を出版

月刊誌「郵趣」、週刊速報紙「郵趣ウィークリー」、WEB版「世界新切手ニュース」をはじめ、各種の切手カタログや専門書籍など、多彩な出版物を刊行しています。

「郵趣」ってどんな雑誌？
お試しで読んでみたい方はこちら！

『郵趣』見本誌を差し上げます！
お申込みは本書巻末ハガキで。

――― または ―――

半年間の『郵趣』定期購読
半年間ごとにお申込みいただける「定期購読」です。お気軽に下記の当協会まで、お申込みください。

定期購読
4,200円（6回／半年間）
送料は当協会が負担いたします

申込み待ってるよ〜

ホームページからご入会受付中！

最新情報配信中！

日本及び世界の新切手情報や各地で開催される展覧会イベントなど、最新情報をご案内しています。様々な切手の楽しみ方のご紹介とともに、内閣府認定の公益財団法人として取り組んでいる各種事業をご紹介しています。ホームページからもご入会のお申込みができますので、ぜひご利用ください。

スマートフォンからもアクセスできます➡

  日本郵趣協会

公益財団法人日本郵趣協会　TEL：03-5951-3311　（受付10時〜18時、日・月曜・祝日定休）
〒171-0031　豊島区目白1-4-23　切手の博物館4階　E-mail：info2@yushu.or.jp

テーマ別日本切手カタログ Vol.5 動物編

2019年7月25日　第1版第1刷発行　　さくら日本切手カタログ姉妹編

発　行・公益財団法人 日本郵趣協会
　　　　〒171-0031　東京都豊島区目白1-4-23
　　　　　　　　　切手の博物館4階
　　　　TEL. 03-5951-3311（代表）
　　　　Eメール　info@yushu.or.jp
　　　　http://www.yushu.or.jp/

監修・執筆
芦田 貴雄（あしだ　たかお）

京都市生まれ。獣医師。2005年から2015年まで大阪市天王寺動物園勤務。日本動物園水族館協会認定動物飼育技師、同水族館飼育技師。日本野生動物医学会会員。著書に「鳥類の人工孵化と育雛」（文英堂出版）（共訳）。切手収集は動物の全分類群を対象に収集し、分類順に整理している。動物分類法がめまぐるしく変更されるので、いつもコレクション再編に追われている。本書の分類誤り、同定誤りは筆者の責に帰する。

発売元・株式会社 郵趣サービス社
　　　　〒168-8081　東京都杉並区上高井戸3-1-9
　　　　TEL. 03-3304-0111（代表）
　　　　FAX. 03-3304-1770
　　　　http://www.stamaga.net/

写真提供・大阪府　米沢市（上杉博物館）
資料協力・切手の博物館

制　作・株式会社 日本郵趣出版
　　　　〒171-0031　東京都豊島区目白1-4-23
　　　　TEL. 03-5951-3416（編集部直通）
編　集　松永靖子　平林健史
装　丁　本間めぐみ　三浦久美子
印　刷・シナノ印刷 株式会社

ISBN 978-4-88963-832-5　Printed in Japan
2019年（令和元年）6月11日　郵模第2817号
©公益財団法人 日本郵趣協会

謝辞
本稿執筆にあたり専門家の皆様にご教示いただきました。アジア猛禽類ネットワーク山﨑亨様、大阪市立自然史博物館石田惣様、同館長田庸平様、同館初宿成彦様、同館松井彰子様、同館松本吏樹郎様、同館匿名希望様、なにわホネホネ団浜口美幸様に謹んでお礼申し上げます。

テーマ別日本切手カタログ
■ 今後の刊行予定（毎年1巻ずつ刊行）
　Vol.6　スポーツ編

既刊　Vol.1　花切手編
　　　Vol.2　世界遺産・景観編
　　　Vol.3　芸術・文化編
　　　Vol.4　鉄道・観光編

＊当カタログの収録範囲は「さくら日本切手カタログ2020年版」に基づいています。

乱丁・落丁本が万一ございましたら、発売元宛にお送りください。送料は当社負担でお取り替えいたします。
本書の一部あるいは全部を無断で複写複製することは、法律で認められた場合を除き著作権の侵害となります。

■ このカタログについてのご連絡先
本書の販売については…〒168-8081（専用郵便番号）
　　（株）郵趣サービス社　業務部　業務1課
　　TEL. 03-3304-0111　FAX. 03-3304-5318
　　〔ご注文〕http://www.stamaga.net/
　　〔お問い合わせ〕email@yushu.co.jp

内容については…〒171-0031　東京都豊島区目白1-4-23
　　（株）日本郵趣出版　カタログ書籍編集部
　　TEL. 03-5951-3416　FAX. 03-5951-3327
　　Eメール　jpp@yushu.or.jp
＊個別のお返事が差し上げられない場合もあります。ご了承ください。